国家自然科学基金青年项目
杭州市青年人才培育工程项目　资助出版

# 杭州西湖古树名木

章银柯　余金良　马骏驰
于炜　钱江波　刘锦　楼晓明　著

中国林业出版社

古树名木

**图书在版编目（CIP）数据**

杭州西湖古树名木 / 章银柯等著. —— 北京：中国林业出版社, 2020.10

ISBN 978-7-5219-0837-4

Ⅰ. ①杭… Ⅱ. ①章… Ⅲ. ①树木—介绍—杭州 Ⅳ. ①S717.255.1

中国版本图书馆CIP数据核字(2020)第192740号

**出版发行：** 中国林业出版社

（100009 北京市西城区刘海胡同7号）

**电　　话：** 010-83143562

**印　　刷：** 北京雅昌艺术印刷有限公司

**版　　次：** 2021年12月第1版

**印　　次：** 2021年12月第1次印刷

**开　　本：** 889mm×1194mm　1/16

**印　　张：** 14

**字　　数：** 366千字

**定　　价：** 128.00元

前言

PREFACE

古树是指树龄在100年以上（含100年）的树木。名木是指珍贵、稀有，或具有重要历史价值和纪念意义，或具有重要科研价值的树木。饱经岁月洗礼的古树名木，是林木资源中的珍奇瑰宝，是自然界的璀璨明珠，是一座城市发展变迁的见证者，也是一种地方文明程度的标志。它们经历了朝代的兴衰更替，感受过人们的悲欢离合，见证着世事的沧海桑田，每一棵古树上都闪烁着光彩绚丽的历史文化色泽。加强古树名木保护，有助于保护物种资源，维护生物多样性，同时传承中华民族历史文化，积累绿色财富，满足人民日益增长的美好生活需要，夯实建设生态文明和美丽中国的物质和文化基础。

杭州市的古树名木数量众多，遍布全市。根据2020年的调查统计，分布于杭州市建成区的古树名木有1080棵，主要种类为香樟、枫香、银杏、珊瑚朴等。其中500年以上古树85株、300年以上古树116株。

杭州西湖风景名胜区（即杭州西湖）位于浙江省杭州市中心西面，以秀丽的湖光山色和众多的名胜古迹闻名中外，是中国著名的旅游胜地，被誉为人间天堂。宋代大文豪苏东坡曾写道："天下西湖三十六，就中最美是杭州"。杭州西湖不仅独擅山水秀丽之美，林壑幽深之胜，还拥有着非常丰富的古树名木资源。根据最新的调查统计，西湖风景名胜区共有古树名木776株。其中树龄最高的达1410年，500年以上古树（一级）75株，300年（二级）以上古树93株，100年以上古树（三级）604株，名木4株。其中香樟古树最多，达到344株，其次是枫香、珊瑚朴等古树。

2011年，杭州西湖文化景观被列入《世界文化遗产名录》。根据联合国《保护世界文化和自然遗产公约》的要求，杭州市制定了《杭州西湖文化景观管理办法》，其中第八条第六款就明确提出要保护古树名木、历史植被、自然生态与环境质量。由此可见，积极开展古树名木的保护和复壮技术研究，对西湖世界文化遗产保护工作的顺利推进具有重要意义。

本书作者多年来深入开展杭州西湖古树名木的调查研究工作，详细掌握了位于该区域内古树名木资源的种类、数量、树龄结构、树高、冠幅、生长状况等各类相关数据，同时，还构建了一套利用互联网、地理信息系统等技术的古树名木信息平台，加强了古树名木信息的监管，及时收集、反映、分析古树名木的健康信息。本书以此为基础，详细记录了杭州西湖古树名木的各类数据，同时还总结出了一套科学的日常养护和保护复壮措施，为促进古树名木健康生长，丰富杭州西湖景观和推进西湖遗产保护工作提供了理论依据。

众多巍然树立、姿态万千的古树名木为杭州西湖增添了人文艺术光彩，它们是历代文人墨客吟诗作画的绝好题材，往往伴有优美的传说和奇妙的故事。本书对杭州西湖内的65种古树名木进行了逐一介绍，并选取了具有重要纪念意义的古树名木，如象征中美友谊的北美红杉，年代久远的唐樟、宋樟，别有意趣的楸树、常春油麻藤等进行了重点介绍。随着全社会对生态环境保护意识的提高，古树名木以其独具的科研、科普、历史、人文和旅游价值而日益为人们所重视，势必将成为一座城市的绿色名片。本书通过研究、保护这些"活文物""活化石"，呼吁社会上人人都能树立起保护古树名木的意识，让它们能生长得更加枝繁叶茂、葱郁浓绿，为人类留下更多美景、更多故事，实现人与自然和谐相处的美好愿景。在本书撰写过程中，得到了王恩教授级高工、章红高级工程师的悉心指导，孙小明、何冬琴、张红梅、齐鸣等提供了部分照片，特此致谢。由于作者学力所限，虽经多方努力，但不当甚至错误之处在所难免，敬请读者和专家不吝赐教，批评指正！

章银柯

于杭州西湖之畔

# 目录

CONTENTS

# 01

## 古树名木保护管理概述

杭州西湖
古树名木

古树名木是极其珍贵的人类历史文化遗产，其有关传说和轶闻都深深地打着历史烙印.古树名木是优良的植物种源，虽历经沧桑，仍巍然傲立；古树名木是重要的遗传基因资源，为科研和生产服务；古树名木是独具特色的天然旅游资源，古朴优雅、姿态万千的古树名木令人赏心悦目，能极大地丰富城市园林植物景观。

古树名木被誉为活的文物，对优化城市自然环境，丰富城市人文景观都具有重要作用。保护古树名木，如同保存自然与社会发展的史书和珍贵古老的历史文物，保护一座优良的种质基因库和一种自然人文景观，保护人类赖以生存的环境和先祖遗留下来的宝贵财富。加强对古树名木的保护管理，是历史赋予我们的一项重要工作，是社会发展进步的重要标志，也是城市文明的重要体现。

国家住房和城乡建设部出台的《城市古树名木保护管理办法》中规定，古树是指树龄在100年以上（含100年）的树木。名木是指珍贵、稀有或具有重要历史价值和纪念意义，或具有重要科研价值的树木。古树后续资源是指树龄在80~99年的树木。全国绿化委员会将古树分为三级，一级古树树龄在500年以上（含500年），二级古树树龄在300~499年，三级古树树龄在100~299年。名木不分年龄限制，不分级。

自20世纪80年代以来，我国大部分省（自治区、直辖市）逐步开始对辖区内古树名木进行普查保护和复壮技术研究。北京市从1979年开始研究古树衰弱与土壤理化性质的关系，从古树微观结构和定量分析与古树生长有关的主要矿质元素方面入手，根据大量的古树调查研究结果，建立了古树的矿质营养元素区系标准，找到了古树生长与各主要矿质元素的平衡比例关系，针对古树生长中出现的一些症状，分析其原因，总结出了古树复壮的生理机制、土壤改良、病虫害防治等一整套综合复壮措施；并由此为古树复壮研制出了复壮沟、渗水井、古树中药助壮剂等，于1998年出台了《北京市古树名木管理技术规范》。

泰安市对岱庙银杏古树叶片黄枯现象进行了研究，分析了古树土壤中的含水量、通气性、有机质等因子，探索出了改善古树土壤条件的一系列措施，如改良土壤、施肥、灌水等。

广州市开展了白蚁防治技术研究，证明移植孔施药处理和钻巢加诱杀法处理等两种方法对受害树木进行防治，效果比较理想；莫栋材等人发现，采用50%水泥+50%沙+弹性环氧胶对树洞进行修补的效果最佳。武汉、南京、苏州等地，在20世纪90年代对南方古树名木的复壮技术进行了研究，提出了土壤管理（深耕换土、深耕埋通气竹管、深耕埋入聚苯乙烯发泡剂）、增施肥料（挖沟施肥、叶面施肥、根部混施生根灵、施用植物生长调节剂）、加强树体管理（靠接、树干修损）等复壮措施。

吕浩荣等人用网格法对东莞市古树名木的分布格局进行了研究，并分析了其数量特征。结果表明，东莞市现存的2066株古树名木隶属28科45属56种，以细叶榕、木棉、荔枝的株数最多，古树名木在纬度带的数量分布存在显著差异（P=0.00004），经度带则没有差异（P=0.0699）；在种类分布方面，经度带（P=0.0258）和纬度带（P=0.0033）均具有显著差异；东经113.65°~114.00°和北纬23.00°~23.150°，是东莞市古树名木分布的集聚地区，需要优先保护。

郭晓成等人采取查阅历史资料、民间走访、座谈、实地调查等措施，通过GPS定位、海拔、干围、树高、树冠大小测定等技术手段及树势、结果情况、地势、坡度、土质、周围环境等生境调查，逐一编号拍照，并以调查结果为依据，建成了首个临潼石榴古树档案库。同时，就临潼石榴古树资源保护存在认识不够、无法可依、异地贩卖、掠夺性生产和放任管理等问题，提出了加强宣传、健全法制、挂牌保护、加大资金投入和动态监管等保护建议。黄应锋等人在收集资料的基础上，采用实地调查和走访相结合的方法，对深圳市古树资源的种类组成、区系分布、结构特征和生长状况进行了分析；并采用网格法对古树资源空间分布状况进行了统计分析。并根据调查结果，对深圳市古树资源的保护提出了建议。尹惠妍等人以西藏昌都市居民点散生古树为例，通过对古树的分布特征、年龄结构、海拔梯度以及古树保护的影响因子等方面进行分析，从藏族文化、宗教信仰以及自然环境等方面分析了古树保护的主要影响因素，并就本次古树普查工作发现的问题，提出相应的策略。赵景奎等人对扬州市城区古树及古树后备资源进行调查，结果显示，总体上扬州城区古树资源丰富、保护管理到位，为城区旅游及文化发展发挥了重要作用。刘大伟等人在文献查阅和实地调查部分地区的基础上，对安徽省现存一级古树的物种组成和地理分布格局进行了分析，并对一级古树的树龄、树高、胸围和冠幅与环境因子的相关性进行了研究。任娟霞等人对甘肃省徽县和康县的银杏古树资源进行了调查分析。许华等人采用程式专家法，以珠海市会同村为例，对古村落的古树资源进行了详细调查，并开展额景观价值评估。

周威等人通过资料查阅、实地调研、数据分析和专家会商等途径，筛选出适用于该地区的古树健康诊断形态指标，确立各指标的分级依据，构建古树健康诊断标准，并依据该标准对陕西中部地区86株古国槐和古侧柏的健康状况进行调查评估。王巧等人选择山东泰山有代表性的15株泰山油松古树，运用层次分析法（APH）和模糊综合评价法建立AHP.模糊综合评价模型，对泰山油松古树树势状况进行评价和分析。所调查的指标包括形态指标、生长指标、生理指标和枯死状态等4个方面共14个指标。刘益曦等人运用GIS对温州市454株一级古树资源进行空间分布类型、分布密度等进行定量和定性分析，结合古树生长的环境因素。总结古树资源空间分布的特征。刘晓静等人以江西省银杏古树为研究对象，对其进行实地调查，分析银杏古树资源状况及生长特性。梁同军等人采用野外线路踩踏调查方法，进行标本采集、记录植物种类等，结合查阅相关文献资料，研究了庐山自然保护区古树植物资源植物区系。曲凯等人为了摸清山东省流苏古树资源现状，在查阅资料基础上采用实地调查与走访相结合的方法，对山东省11个地级市内的流苏古树进行调查和分析。并根据调查结果，阐述了流苏古树资源的保护现状，深入分析了所存在的问题，提出了流苏古树资源保护的策略，并对流苏树的综合利用价值进行了讨论。

邵家龙通过对胶州市古树的实地调查，用两种方法测定了112株古树树龄，选取5种古树进行了生长特性的研究，在分析古树常规监测结果、土壤理化性质的基础上，查阅相关文献提出胶州市古树保护管理措施和复壮技术方案。邓洪涛等人对深圳市龙华区古树保护现状进行实地调查，提出严格执行古树保护法规,全面落实古树养护管理措施,建立有效的 GIS 信息管理系统,重视古树后备资源管理等古树保护管理对策。袁敏等人探讨了了崂山区农村区域古树名木的保护现状、档案管理情况和进一步开发利用的建议，旨在加强农村区域古树名木档案管理，充分发挥古树名木档案的重要作用。谢丽宏等人在查阅资料的基础上，采用调查和走访相结合的方法，对广东省新丰江水库周边 6 个镇的古树进行逐株调查，并根据调查结果，提出了对新丰江水库古树资源应加强管理和保护，对现有衰弱和濒危的古树应采取施肥、病虫害防治、修补树洞、改善生境等复壮措施。

张果等人对濒危古树乐东拟单性木兰嫁接繁殖技术进行了研究，结果表明，白玉兰做砧木亲合力高，适宜晚秋切接，黑色塑料带包扎，嫁接成活率可达82.5%。嫁接繁殖技术为今后拯救古树，防止珍稀种质资源丢失提供了技术依据。蔡爱萍以福建省福州市、莆田市、泉州市等地的 29 份龙眼古树种质资源为材料，利用ISSR 分子标记技术进行遗传多样性分析，初步确定了这些龙眼古树核心种质资源；对核心种质资源进行限制生长保存；从龙眼古树胚性愈伤组织中克隆 WRKY家族基因，并采用qPCR技术分析了龙眼古树胚性愈伤组织（Embryogenic callus, EC）WRKY 家族基因在低温胁迫下的表达模式，为龙眼古树的保护与开发利用提供科学依据。朱志鹏等人结合VTA法和AHP法，对闽侯县古树生态指标、形态指标、病虫害表征指标、树内腐朽指标以及外部环境指标进行潜在危险度调查，并提出了保护措施。杨明霞以山西晋城的山楂古树群落为研究对象，采用数量生态和分子生物学技术手段，研究了山楂古树群落的组成、类型、结构；对种群优势种进行了生态位分析及物种多样性研究；对山楂群丛与土壤因子的关系也进行了分析；最后，利用Illumina 高通量测序技术对山楂古树进行了转录组测序。张艳洁等人概述近20年来国内外对古树叶片超微结构、叶绿素含量、蛋白质含量、活性氧防御系统、矿质营养元素等生理指标的检测和分析结果，旨在对古树的衰老检测和复壮提供理论依据和切实可行的方法。杜常健等人比较了侧柏古树实生树和嫁接树的插穗内源激素、非结构碳水化合物、木质化程度和形态解剖学的区别，为侧柏古树扦插生根过程中取材和机制研究提供参考。刘国彬等人在怀柔区板栗古树资源调查的基础上，以怀柔区渤海镇明清栗园集中分布的 33 株板栗古树资源为材料，采用 SSR 荧光标记技术研究了板栗古树资源的遗传变异程度，试图揭示处于集中分布状态的板栗古树资源的遗传多样性水平，为未来板栗古树资源的遗传多样性保护和合理开发利用奠定科学基础。

黎炜彬等人利用基于内转录间隔区(ITS)序列的第2代高通量测序技术(Illumina MiSeq平台)，分析了东莞市正常(ZC)、衰弱(SR)和濒危(BW)3种长势型古树名木的土壤真菌群落组成和多样性。汤珧华等人以上海地区不同生长点的松柏古树为试验对象，测定了土壤的理化性质 (土壤容重、通气孔隙度、pH 值、 EC 值) 和养分 (有机质、水解氮、有效磷、速效钾及钙、镁、铁、锌)，对土壤肥力进行了评价，并进一步分析了土壤对松柏古树生长的影响，提出了采取提高菌根侵染率、提高土壤孔隙度、提供充足的有机质和降低土壤容重等措施。蔡施泽等人采用树木雷达系统(TRU)对香樟、银杏、广玉兰这3种上海市常见古树粗根系分布特征进行了研究，分析了树种、树龄、硬质空间对根系分布的影响，进而结合上海特有的古树生长环境特征，从根系保护出发，本文给出了根系引导生长、生长空间特殊管控、人工助稳、根系监测等古树保护的策略。张容等人为了研究北京市古树生长状况与土壤化学特性间的关系，对研究范围内不同区域古树的土壤进行了样方分析，为下一步古树复壮提供了有效的数据支撑。

詹运洲等人以上海的古树名木保护规划编制实践为例，规划方法重点体现控制先导、整体保护、保护与利用并重的思路，基于古树名木生长的需求，提出分区保护通则与分类引导导则，一树一议落实两线三区的管控要求，并提出条例修订建议等规划实施机制的思考。赵亚洲等人在详尽调查颐和园古树现状资源的前提下，提出颐和同古树替代树

的选择标准，根据古树生长势确定古树替代树培养优先级别；同时根据古树确认标准选择颐和园的古树后备树，选定5种101株树木作为后备树培养；并研究如何培养古树替代树与后备树。研究成果为古树替代树与后备树培养提供了参考依据。

李记等人对浙江金华各区县的人口密度、服务业发展状况、公路密度和古树名木区域分布等进行了相关性分析，以期为古树名木旅游线路设计提供可行性分析。过层次分析法（AHP）对古树名木综合价值进行量化，并进行邻接点矩阵存储；利用 Dijkstra 算法遍历加权无向图，确定综合价值最优的古树名木节点集（区域内规划和手动预设2种形式）；古树名木综合价值最优节点集与百度地图 JavascriptAPI 进行集成，最终实现最优古树名木旅游路线的规划， 从而吸引更多的社会资源投入到古树名木的相关研究中，在一定程度上解决了古树名木前期研究的可操作性不强、社会认知度不够等问题。蓝悦等人用SBE法对古树及其与周边环境所形成的景观进行评价，并使用SD景观要素分离法及多元后向线性回归的方法建立了古树景观评价模型，对杭州西湖风景名胜区古树景观进行了评价。

张延兴等人开展了莱芜市古树名木评价及分级保护研究，采用实地调查方法，全面调查了山东省莱芜市辖区内的古树名木，并根据树龄、位置、姿态、生长势和保护现状，对所有古树名木进行了评价分级，分为特殊保护（一级）、重点保护（二级）和一般保护（三级），其中，古树名木单株一级51株、二级40株、三级25株，古树群一级2处4200株、二级4处6064株。

刘东明等人采用实地调查并结合历史档案记载的方法对香港的古树名木进行了全面的普查，发现香港共有古树名木1332株，共计141种，其中，细叶榕、香樟、荔枝、龙眼为最多；香港的古树名木主要分布于大埔区、中西区、北区和离岛区，并对保护措施进行了探讨，认为应建立完善的古树档案管理数据库，加强立法和宣传教育，深入开展古树的生理生态学、复壮技术及病虫害防治的研究，了解其生长规律和濒危原因，从而更好地加强古树名木的保护管理。

田广红等人以《全国古树名木普查建档技术

规定》为指导，对珠海市古树名木资源的数量、树龄、种类、分布、生长状况等进行了全面调查，研究了资源特点、利用价值，并深入分析了其所面临的生长、生存危机，并针对现状，在政策、开发利用、人员、技术、资金等方面提出了切实保护策略，具体包括古树名木资源保护工作具有紧迫性，必须抓紧规划，并组织实施；制定《珠海市古树名木管理条例》，使古树名木的保护有法可依；处理好土地开发利用与古树名木保护之间的矛盾；协调古树名木资源利用与保护之间的关系；加强古树名木资源保护技术工作；加大投入力度。

浙江省景宁县于1998—2001年开展了古树名木主要害虫综合治理研究，发现主要害虫有樟萤叶甲、樟蚕、银杏大蚕蛾、马尾松毛虫、柳杉毛虫等，防治措施包括改善古树生长环境、保护和利用天敌、人工捕杀、化学防治等。天津园林绿化研究所于2001年开展了古树名木复壮技术研究，研制出了优质肥料，并于2004年10月发布了《天津市古树名木保护与复壮技术规程》。2006年，上海市绿化管理指导站开展了《上海市银杏、香樟古树复壮关键技术研究》课题，提出了铺设透气砖、使用林木梳理剂、应用嫁接技术、树洞填补及伤口处理、应用菌根菌等古树复壮措施。

此外，北京市开展了《古树（大树）衰亡原因诊断与保健技术研究》课题。主要根据植物生理学等相关理论，确定古树生长状态的量化评价指标，科学界定古树衰弱与健康的界限指标，制定古树标准化诊断技术和程序；研究土壤性状对树木生长势的影响，针对造成大树生长衰弱的地下生境进行改良，综合古树群落生态、土壤质地、植物营养、有害生物控制、树体修复等方面研究，制定大树养护管理技术规范，修订完善《古树养护管理技术规程规范》和制定《古树复壮技术指导书》；制定古树有害生物可持续控制技术体系。而就古树名木数据库建设而言，北京市园林科学研究所于2000年借助GPS卫星定位技术等遥感手段建立了古树管理系统，从而便于快速、高效地开展古树名木保护管理。广东东莞市于2008年运用数据库技术，建立了"建成区古树名木信息查询网"，从而极大地便利了广大市民通过网络查询古树名木的相关信息。

国外的研究主要集中于古树保护。许多发达国家都将50年以上的树木作为古树保护。Park认为保护古树应首先明确树木价值，并指定要保护的对象，对古树开展具有实效的养护措施，全国范围内调查古树资源，保证国家预算和固定投入资金，以确保树木的生长和特殊管理系统的需要，并制定标准的永久性的特殊保护标识。

Pregitzer等人的研究表明，减少80%的叶量或者韧皮部环割将导致地下根系呼吸减弱，细根衰老增加。Friend等人发现单根对土壤微立地条件的变化做出反应，而其余处于未变化的土壤条件中的根系统则无反应。这说明土壤的一些性质强于遗传因子对根系周转的控制。

在古树的养护管理方面，日本研究出了树木强化器，埋于树下完成树木的通气、灌水及供肥等工作。美国发明了肥料气钉，用于解决古树表层土供肥问题。德国在土壤中采用埋管、埋陶粒和气筒打气等方法解决通气问题，用土钻打孔灌液态肥料以及修补、支撑等外科手术保护古树。英国探讨了土壤坚实、空气污染等因素对古树生长的影响。与此同时，许多西方国家都在古树保护中使用了无损检测技术，可以测定树木内的虫蛀、白蚁危害、空洞、腐烂程度等，如Resistograph阻抗图波仪既能测定树木内部的腐烂程度，又能检测树龄及虫害，但价格昂贵。

综上所述，有关古树名木的保护及复壮技术研究，世界各地都非常重视，并开展了大量研究工作，近几年，随着杭州市经济的迅速发展和社会文明程度的逐步提高，古树名木的价值逐渐被人们所认识，保护与管理工作稳步推进。

2011年，杭州西湖文化景观已被列入《世界文化遗产名录》。根据联合国《保护世界文化和自然遗产公约》的要求，杭州市于2008年制定了《杭州西湖文化景观管理办法》，其中第八条第六款就明确提出要保护古树名木、历史植被、自然生态与环境质量。由此可见，积极开展古树名木的保护和复壮技术研究，对西湖世界文化遗产保护工作的顺利推进具有重要意义。

杭州西湖的古树名木数量众多。根据最新的调查统计，共有古树名木776株。其中千年以上古树7株，树龄最高的达1410年，500年以上古树（一级）75株（含千年以上古树），300年以上古树（二级）93株，100年以上古树（三级）604株，名木4株。其中香樟古树数量最多达到344株，其次是枫香、珊瑚朴等古树。经初步调查，杭州约有80%的古树名木树体有不同程度受损、生长衰弱、遭受病虫侵害、生长环境恶劣等情况发生。目前，杭州市在古树名木保护和复壮技术方面研究较少，实际工作中仅限于围栏保护、设支撑或拉索、填补树干空洞等措施。此外，由于对古树名木的保护意识不强、保护技术措施不到位、园林养护不当以及工程建设等原因，严重影响了古树名木的健康生长，甚至出现了古树名木长势衰弱乃至死亡的现象。因此，深入开展杭州西湖古树名木现状调查，构建古树名木数据库，并探索出一套科学的保护管理措施和日常养护管理制度，促进古树名木健康生长，对于丰富杭州西湖景观和推进西湖遗产保护工作都具有极其重要的意义。

杭州西湖为切实加强对古树名木的保护，准确掌握古树名木的信息内容，组织开展了多次古树名木普查，普查项目包括树龄、所在地、立地环境、树木生长现状等。同时，在每年开展定期巡查的基础上，对长势不良的古树名木进行了筑墩加土、围栏保护、支撑、拉索等加固保护、施肥覆土、病虫害防治、消毒堵洞、防腐处理、截枝枯干、诱发不定根复壮、安装避雷装置等保护工程。经过一系列的保护措施，杭州西湖的古树名木保护管理形势良好，成效显著。

同时，近年来，一些新的技术、仪器如无损探测技术、数据库技术被逐渐应用于古树名木的保护管理。如杭州植物园从匈牙利引进FAkopp声纳探测仪对杭州古树树干进行应力波无损探测。应力波技术是一种准确、快捷的无损检测方法，被广泛应用于木材物理性质及缺陷检测、木结构建筑评价及古树名木诊断等领域。利用应力波技术能够准确、直观地掌握古树内部的孔洞、腐蚀情况，为古树管理部门科学保护古树提供有力的技术支撑。

随着互联网的不断普及和现代信息技术的飞速发展，在保护古树名木资源的过程中运用先进的互联网信息技术，能够进一步推动古树名木管理的精确化、科学化。杭州植物园等人构建的杭州市古树名木信息系统为杭州市古树名木的日常管理提供了极大便利，同时也为古树研究的数据挖掘提供了研究平台，满足了城市古树名木管理信息化发展的要求。该系统记录了了树木的基本属性和动态属性，涵盖了树木的各方面和各个时间段的信息，为古树名木监管的可操作性奠定了基础。基于WebGIS技术的Google MAP和Sougou MAP的组建的轻量级地理信息系统，从空间上更清楚地了解古树名木的位置，周围的环境，对古树名木信息的空间查询和分析提供科学的工具。

# 02

# 杭州西湖概述

## 一、自然地理概况

杭州西湖风景名胜区（即杭州西湖）是国务院首批公布的国家重点风景名胜区，也是全国首批十大文明风景旅游区和国家5A级旅游景区。她三面环山，中涵碧水，面积约60km²，其中湖面6.5km²。西湖肇始于9世纪、成形于13世纪、兴盛于18世纪，并传承发展至今。该景观在10个多世纪的持续演变中日臻完善，成为景观元素特别丰富、设计手法极为独特、历史发展特别悠久、文化含量特别厚重的"东方文化名湖"。她是中国历代文化精英秉承"天人合一""寄情山水"的中国山水美学理论下景观设计的杰出典范，展现了东方景观设计自南宋以来讲求"诗情画意"的艺术风格，在世界景观设计史上拥有重要地位，为中国传衍至今的佛教文化、道教文化以及忠孝、隐逸、藏书、印学等中国古老悠久的文化、传统的发展、传承提供了特殊的见证。西湖之美，美在其如诗如画的湖光山色。环湖四周，绿荫环抱，山色葱茏，画桥烟柳，云树笼纱。逶迤群山之间，林泉秀美，溪涧幽深。

100多处各具特色的公园景点中，有三秋桂子、六桥烟柳、九里云松、十里荷花，更有著名的"西湖十景"和"新西湖十景"以及"三评西湖十景"等，将西湖连缀成了色彩斑斓的大花环，使其春夏秋冬各有景致，阴晴雨雪独有情韵。

## 二、社会经济概况

杭州西湖不仅山水秀丽，而且更有丰富的文物古迹、优美动人的神话传说，把自然、人文、历史、艺术巧妙地融为一体。西湖四周，古迹遍布，文物荟萃，60多处国家、省、市级重点文物保护单位和20多座博物馆（纪念馆）熠熠生辉，是我国著名的历史文化游览胜地。每年接待中外游客3000多万人次。自2002年起，杭州市委、市政府作出重大决策，开始实施西湖综合保护工程。先后建成西湖南线景区、杨公堤景区、湖滨新景区、梅家坞茶文化村、北山街历史文化街区、两堤三岛景区、龙井茶文化景区、灵隐新景区、吴山新景区、高丽寺、八卦田遗址公园等项目，重建、修复历史文化景点150多个，环湖公园景点和博物馆全部免费开放，西湖"一湖两塔三岛三堤"的全景重返人间，"东热南旺西幽北雅中靓"的新格局基本形成，向中外游客展现了传统与现代互动、坚守与开放兼容的盛世西湖的动人风貌。

03

杭州西湖古树名木资源概况

## 一、种类

杭州西湖风景名胜区（即杭州西湖）古树名木共包括植物种类65种（具体种类见表3-1）。

## 二、数量

调查结果显示，截至2020年，杭州西湖范围内共有古树名木776株。其中以香樟数量最多，共计344株；枫香次之，共计75株；再是珊瑚朴，共计44株，银杏、苦槠和木犀的数量分别为32株、31株和20株，数量在10～20株的古树还有朴树、青冈栎、浙江楠、槐、黄连木、糙叶树、三角槭、麻栎、蜡梅、广玉兰，其余树种数量皆少于10株。

776株古树名木按保护等级分类，其中500年以上（一级）75株，300～499年（二级）93株，100～299年（三级）604株（具体分类统计见表3-2）。

表 3-1 杭州西湖古树名木树种名录

| 序号 | 中文名 | 科名 | 属名 | 学名 |
|---|---|---|---|---|
| 1 | 香樟 | 樟科 | 樟属 | *Cinnamomum camphora*（L.）J. Presl |
| 2 | 枫香 | 金缕梅科 | 枫香属 | *Liquidambar formosana* Hance |
| 3 | 珊瑚朴 | 榆科 | 朴属 | *Celtis julianae* C.K.Schneid. |
| 4 | 银杏 | 银杏科 | 银杏属 | *Ginkgo biloba* L. |
| 5 | 苦槠 | 壳斗科 | 栲属 | *Castanopsis sclerophylla*（Lindl.）Schottky |
| 6 | 朴树 | 榆科 | 朴属 | *Celtis sinensis* Pers. |
| 7 | 青冈栎 | 壳斗科 | 青冈属 | *Cyclobalanopsis glauca*（Thunb.）Oerst. |
| 8 | 桂花 | 木樨科 | 木樨属 | *Osmanthus fragrans*（Thunb.）Lour. |
| 9 | 糙叶树 | 榆科 | 糙叶树属 | *Aphananthe aspera*（Thunb.）Planch. |
| 10 | 广玉兰 | 木兰科 | 木兰属 | *Magnolia grandiflora* L. |
| 11 | 玉兰 | 木兰科 | 玉兰属 | *Yulania denudata*（Desr.）D. L. Fu |
| 12 | 浙江楠 | 樟科 | 楠木属 | *Phoebe chekiangensis* C.B.Shang |
| 13 | 白栎 | 壳斗科 | 栎属 | *Quercus fabri* Hance |
| 14 | 石榴 | 石榴科 | 石榴属 | *Punica granatum* L. |
| 15 | 南川柳 | 杨柳科 | 柳属 | *Salix rosthornii* Seemen |
| 16 | 圆柏 | 柏科 | 圆柏属 | *Juniperus chinensis* L. |
| 17 | 黄连木 | 漆树科 | 黄连木属 | *Pistacia chinensis* Bunge |
| 18 | 枫杨 | 胡桃科 | 枫杨属 | *Pterocarya stenoptera* C. DC. |
| 19 | 美人茶 | 山茶科 | 山茶属 | *Camellia uraku*（Mak.）Kitamura |
| 20 | 大叶冬青 | 冬青科 | 冬青属 | *Ilex latifolia* Thunb. |
| 21 | 罗汉松 | 罗汉松科 | 罗汉松属 | *Podocarpus macrophyllus*（Thunb.）Sweet |
| 22 | 麻栎 | 壳斗科 | 栎属 | *Quercus acutissima* Carruth. |
| 23 | 紫薇 | 千屈菜科 | 紫薇属 | *Lagerstroemia indica* L. |
| 24 | 乌桕 | 大戟科 | 乌桕属 | *Triadica sebifera*（L.）Small |
| 25 | 七叶树 | 七叶树科 | 七叶树属 | *Aesculus chinensis* Bunge |
| 26 | 榔榆 | 榆科 | 榆属 | *Ulmus parvifolia* Jacq. |
| 27 | 皂荚 | 豆科 | 皂荚属 | *Gleditsia sinensis* Lam. |
| 28 | 三角槭 | 槭树科 | 槭属 | *Acer buergerianum* Miq. |
| 29 | 雪松 | 松科 | 雪松属 | *Cedrus deodara*（Roxb.）G.Don |
| 30 | 紫楠 | 樟科 | 楠木属 | *Phoebe sheareri*（Hemsl.）Gamble |
| 31 | 佘山羊奶子 | 胡颓子科 | 胡颓子属 | *Elaeagnus argyi* H.Lév. |
| 32 | 刺槐 | 豆科 | 刺槐属 | *Robinia pseudoacacia* L. |
| 33 | 浙江柿 | 柿科 | 柿属 | *Diospyros japonica* Siebold et Zucc. |
| 34 | 浙江红山茶 | 山茶科 | 山茶属 | *Camellia chekiangoleosa* Hu |
| 35 | 响叶杨 | 杨柳科 | 杨属 | *Populus adenopoda* Maxim. |
| 36 | 浙江樟 | 樟科 | 樟属 | *Cinnamomum chekiangense* Nakai |
| 37 | 锥栗 | 壳斗科 | 栗属 | *Castanea henryi*（Skam）Rehder et E. H. Wilson |

| 序号 | 中文名 | 科名 | 属名 | 学名 |
|---|---|---|---|---|
| 38 | 日本五针松 | 松科 | 松属 | *Pinus parviflora* Siebold et Zucc. |
| 39 | 槐树 | 豆科 | 槐属 | *Styphnolobium japonicum*（L.）Schott |
| 40 | 楸树 | 紫葳科 | 梓属 | *Catalpa bungei* C.A.Mey. |
| 41 | 日本柳杉 | 杉科 | 柳杉属 | *Cryptomeria japonica*（Thunb.ex L.f.）D.Don |
| 42 | 蜡梅 | 蜡梅科 | 蜡梅属 | *Chimonanthus praecox*（L.）Link |
| 43 | 木香 | 蔷薇科 | 蔷薇属 | *Rosa banksiae* Aiton |
| 44 | 常春油麻藤 | 豆科 | 油麻藤属 | *Mucuna sempervirens* Hemsl. |
| 45 | 紫藤 | 豆科 | 紫藤属 | *Wisteria sinensis*（Sims）Sweet |
| 46 | 竹柏 | 罗汉松科 | 竹柏属 | *Nageia nagi*（Thunb.）Kuntze |
| 47 | 龙柏 | 柏科 | 圆柏属 | *Juniperus chinensis* L.'Kaizuca' |
| 48 | 女贞 | 木樨科 | 女贞属 | *Ligustrum lucidum* W.T.Aiton |
| 49 | 羽毛枫 | 槭树科 | 槭树属 | *Acer palmatum* Thunb. 'Dissectum' |
| 50 | 黄檀 | 豆科 | 黄檀属 | *Dalbergia hupeana* Hance |
| 51 | 红果榆 | 榆科 | 榆属 | *Ulmus szechuanica* W. P. Fang |
| 52 | 豹皮樟 | 樟科 | 木姜子属 | *Litsea coreana* var. *sinensis*（C. K. Allen）Yen C. Yang et P. H. Huang |
| 53 | 北美红杉 | 杉科 | 北美红杉属 | *Sequoia sempervirens*（D. Don）Endl. |
| 54 | 无患子 | 无患子科 | 无患子属 | *Sapindus saponaria* L. |
| 55 | 薄叶润楠 | 樟科 | 润楠属 | *Machilus leptophylla* Hand.-Mazz. |
| 56 | 杭州榆 | 榆科 | 榆属 | *Ulmus changii* W. C.Cheng |
| 57 | 刨花楠 | 樟科 | 润楠属 | *Machilus pauhoi* Kaneh. |
| 58 | 木荷 | 山茶科 | 木荷属 | *Schima superba* Gardner et Champ. |
| 59 | 梧桐 | 梧桐科 | 梧桐属 | *Firmiana simplex*（L.）W.Wight |
| 60 | 龙爪槐 | 豆科 | 槐属 | *Styphnolobium japonicum*（L.）Schott 'Pendula' |
| 61 | 鸡爪槭 | 槭树科 | 槭树属 | *Acer palmatum* Thunb. |
| 62 | 红楠 | 樟科 | 润楠属 | *Machilus thunbergii* Siebold et Zucc. |
| 63 | 黑松 | 松科 | 松属 | *Pinus thunbergii* Parl. |
| 64 | 鹅掌楸 | 木兰科 | 鹅掌楸属 | *Liriodendron chinense*（Hamsl.）Sarg. |
| 65 | 白蜡树 | 木樨科 | 梣属 | *Fraxinus chinensis* Roxb. |

表 3-2 现存古树名木保护级别分类统计表

| 项目 | 数量（株） | 比例（%） |
|---|---|---|
| 合计 | 776 | 100 |
| 一级 | 75 | 9.66 |
| 二级 | 93 | 11.98 |
| 三级 | 604 | 77.84 |
| 名木 | 4 | 0.52 |

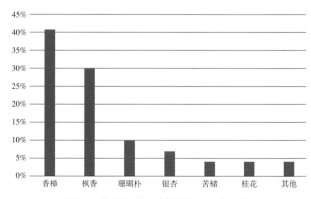

图 3-1 杭州西湖古树树种占比情况图

## 三、分布情况

按照行政管理区域分，各辖区范围内古树名木分布如下：钱江管理处共计210株；岳庙管理处共计153株；凤凰山管理处共计128株；灵隐管理处109株；水域管理处共计59株；花港管理处共计49株；杭州植物园共计35株；西湖街道共计31株；杭州动物园共计2株（详见图3-2）。

## 四、树龄结构

杭州西湖的古树名木树龄主要集中在100~299年，共604株，占77.84%，随着树龄的增加，古树

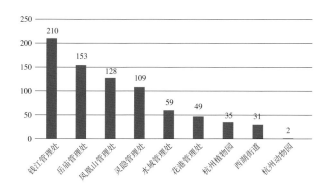

图 3-2 杭州西湖各基层单位古树分布情况图
（单位：棵）

的数量呈迅速下降的趋势。树龄最大的古树是位于钱江管理处辖区范围内五云山山顶的1株银杏，树龄达1410年。

## 五、树高

杭州西湖的古树名木树高在2.7～44.2m。如表3-3所示，主要集中在16～20m，共239株，占30.80%，最高的古树是钱江管理处辖区范围内云栖竹径双碑亭的1株枫香，树高达44.2m。

## 六、胸（地）围

杭州西湖的古树名木胸（地）围在45～1018cm。如表3-4所示，主要集中在200～299cm，共405株，占52.19%，胸（地）围最粗大的古树是位于钱江管理处辖区范围内五云山山顶的1株银杏，地围达1018cm。

## 七、平均冠幅

杭州西湖的古树名木平均冠幅在1～35.1m。如表3-5所示，主要集中在11～20m，共471株，占60.70%。平均冠幅最大的古树是岳庙管理处辖区范围内黄龙洞紫云洞大门外坡下的1株香樟，平均冠幅达35.1m。

## 八、保护状况

根据调查数据得知，分布于山林地区的古树名木大多都以自然生长为主，不采用防护措施。对情况特殊，如树干倾斜、树体开裂的进行支撑加固防护措施。因游客流量较大的，部分生长于景点的古树，基本进行了围护栏、做树池、对树体加固、铺设透气铺装等保护措施。

表 3-3 杭州西湖古树树高情况一览表

| 树高（m） | 数量（株） | 比例（%） |
|---|---|---|
| 0～5 | 42 | 5.41 |
| 6～10 | 50 | 6.44 |
| 11～15 | 141 | 18.17 |
| 16～20 | 239 | 30.80 |
| 21～25 | 182 | 23.45 |
| 26～30 | 81 | 10.45 |
| 31～35 | 28 | 3.60 |
| 35 以上 | 13 | 1.68 |

表 3-4 杭州西湖古树胸（地）围情况一览表

| 胸（地）围（cm） | 数量（株） | 比例（%） |
|---|---|---|
| 0～100 | 28 | 3.61 |
| 100～199 | 112 | 14.43 |
| 200～299 | 405 | 52.19 |
| 300～399 | 172 | 22.16 |
| 400～500 | 47 | 6.06 |
| 500～600 | 4 | 0.52 |
| 600 以上 | 8 | 1.03 |

表 3-5 杭州西湖古树平均冠幅一览表

| 平均冠幅（m） | 数量（株） | 比例（%） |
|---|---|---|
| 0～5 | 41 | 5.28 |
| 6～10 | 148 | 19.07 |
| 11～15 | 234 | 30.15 |
| 16～20 | 237 | 30.54 |
| 21～25 | 87 | 11.21 |
| 25～30 | 27 | 3.48 |
| 31～35 | 1 | 0.13 |
| 35 以上 | 1 | 0.13 |

**04**

杭州西湖主要古树
病虫害防治技术

杭州西湖
古树名木

## 一、杭州西湖主要古树病虫害种类及发生情况

### 1.香樟的病虫害种类及发生情况

#### （1）病害

调查发现，杭州西湖风景名胜区内的香樟病害，主要有4属4种真菌病害，1种生理性病害（表4-1）。其中发生最为普遍、危害最严重的病害是香樟炭疽病。香樟炭疽病在8～9月发生严重，小区域内群体发病率高，在杭州西湖风景名胜区内调查了10棵香樟古树，均有染病，目测观察单棵发病叶片均在60%以上，新叶感病率相对于老叶低。染病叶片正面有不规则状斑点，病斑边缘明显，黄褐色，发病严重的病斑接连成片，病斑呈黄白色，有些黄白色病斑上可见针尖样黑点；叶背面病斑呈浅灰色，边缘黑褐色。

表 4-1 杭州西湖香樟病害名录

| 病原菌 | 病害名称 | 病原 | 学名 |
|---|---|---|---|
| 黑盘孢目黑盘孢科炭疽菌属 | 香樟炭疽病 | 胶孢炭疽菌 | *Clletotrichum gloeosporioides* |
| 子囊菌门煤炱属 | 香樟煤污病 | 香樟煤炱菌 | *Capnodium* sp. |
| | 香樟溃疡病 | 囊孢壳菌 | *Physalospora* sp. |
| 蜱螨目瘿螨科 | 香樟毛毡病 | | *Eriophyes* sp. |
| 生理性病害 | 香樟黄化病 | | 生理性病害 |

#### （2）虫害

调查并已鉴定的香樟虫害有29种，分属7目20科（表4-2），但是对香樟造成一定危害的虫害种类主要有3种，分别是橄绿瘤丛螟、黑翅土白蚁和樟颈曼盲蝽。其中，橄绿瘤丛螟主要为害期在6～11月。初孵幼虫先将两片香樟叶片缀起，以后随着虫龄的增大，缀叶逐步增多，形成虫巢。幼虫躲在其中危害，虫巢一直挂在香樟上，严重影响香樟景观。樟颈曼盲蝽主要为害期在5月下旬到6月，以及9月至10月底，樟颈曼盲蝽若、成虫取食叶片，成虫在叶柄上产卵，叶片产生大面积锈色斑，造成常绿香樟在正常生长季叶片大面积落叶，严重影响香樟的观赏性。为害香樟的白蚁中以黑翅土白蚁为害率最高、为害程度最重。黑翅土白蚁主要为害期在6～11月。黑翅土白蚁生活在地下，对活香樟有嗜好，喜欢沿树干向上筑泥路取食树表皮，对香樟产生危害。

表 4-2 杭州西湖香樟虫害名录

| 目名 | 科名 | 种名 | 学名 |
|---|---|---|---|
| 半翅目 | 盲蝽科 | 樟颈蔓盲蝽 | *Mansoniella cinnarnomi* |
| | 网蝽科 | 樟脊冠网蝽 | *Stephanitis macaona* |
| | 网蝽科 | 华南冠网蝽 | *Stephanitis laudata* |
| | 网蝽科 | 长脊冠网蝽 | *Stephanitis svensoni* |
| | 木虱科 | 樟个木虱 | *Trioza camphorae* |
| | 粉虱科 | 黑刺粉虱 | *Leurocanthus spiniferus* |
| | 蚧科 | 红蜡蚧 | *Ceroplastes rubens* |

（续）

| 目名 | 科名 | 种名 | 学名 |
|---|---|---|---|
| 半翅目 | 盾蚧科 | 樟白轮盾蚧 | *Aulacaspis yabunikkei* |
| | 盾蚧科 | 樟片盾蚧 | *Parlatoria pergoandii* |
| | 盾蚧科 | 樟网盾蚧 | *Pseudaonidia duplex* |
| | 蚜科 | 樟修尾蚜 | *Sinomegoura citricola* |
| 鳞翅目 | 大蚕蛾科 | 樟蚕 | *Eeiogyna pyretorum* |
| | 大蚕蛾科 | 绿尾大蚕蛾 | *Actias selene ningpoana* |
| | 大蚕蛾科 | 樗蚕 | *Philosamia cynthia* |
| | 蓑蛾科 | 大蓑蛾 | *Clania variegate* |
| | 蓑蛾科 | 茶蓑蛾 | *Clania minuscule* |
| | 刺蛾科 | 迹斑绿刺蛾 | *Latoia consocia* |
| | 刺蛾科 | 丽绿刺蛾 | *Latoia lepida* |
| | 螟蛾科 | 橄绿瘤丛螟 | *Orthaga olivacea* |
| | 蛱蝶科 | 茶褐樟蛱蝶 | *Charoxes bernardus* |
| | 凤蝶科 | 樟青凤蝶 | *Graphium sarpedon* |
| | 细蛾科 | 樟细蛾 | *Acrocercops ordinatella* |
| 鞘翅目 | 叶甲科 | 樟萤叶甲 | *Atgsa marginata ciamoni* |
| | 天牛科 | 吉安筒天牛 | *Oberea jiana* |
| 等翅目 | 鼻白蚁科 | 台湾乳白蚁 | *Reticulitermes formosanus* |
| | 鼻白蚁科 | 黄胸散白蚁 | *Reticulitermes flaviceps* |
| | 白蚁科 | 黑翅土白蚁 | *Odontotermes formosanus* |
| 膜翅目 | 叶蜂科 | 樟叶蜂 | *Mesonura rufonota* |
| 真螨目 | 叶螨科 | 石榴小爪螨 | *Oligonychus punicae* |

### 2. 银杏的病虫害种类及发生情况

#### （1）病害

调查发现，杭州西湖风景名胜区内的银杏病害有6属6种真菌病害，1种生理性病害（表4-3）。其中发生最为普遍、危害最严重的病害是银杏叶枯病。银杏叶枯病病原菌在芽、落叶上越冬，从伤口侵入，6月开始出现病斑。叶缘最先受害，初期黄褐色，后期黑褐色，病斑外缘有黄色晕圈。严重时病斑扩展至全叶，叶片焦枯、早落。后期病斑上出现黑褐色霉斑、灰褐色霉点、黑色小粒点。8～9月是发病高峰期，高温干旱、缺肥、积水、根系受损会加重该病的发生。

#### （2）虫害

调查并已鉴定的银杏虫害有10种，分属5目9科（表4-4），其中发生较为普遍和严重的是茶黄蓟马。茶黄蓟马在杭州1年发生数代，以蛹在土壤缝隙、落叶杂草丛或树皮缝中越冬。翌年4月寄主萌发时开始羽化，5月中下旬为羽化高峰期。以两性生殖为主，少量进行孤雌生殖，卵产于芽或嫩叶表皮下。5月下旬至8月下旬为危害高峰期，9月虫口密度开始下降，开始逐渐越冬。以1、2龄若虫和成虫在寄主叶片背面锉吸叶片汁液危害，造成叶片正面失绿。银杏叶片在被害后易萎蔫下垂，严重时叶片枯黄掉落。

表4-3 杭州西湖银杏病害名录

| 病原菌 | 病害名称 | 病原 | 学名 |
|---|---|---|---|
| 丝孢纲丝孢目 | | 链格孢 | *Alternaria alternata* |
| 丝孢纲丝孢目 | | 尾孢菌 | *Cercospra* sp. |
| 腔孢纲黑盘孢目 | 银杏叶枯病 | 银杏盘多毛孢 | *Psetalctiopsis ginkgo* |
| 腔孢纲球壳孢目 | | 银杏叶点霉 | *Phyllosticta ginkgo* |
| 腔孢纲黑盘孢目 | | 炭疽菌 | *Colletorichum* sp. |
| 子囊菌纲球壳菌目 | 银杏枯枝病 | 粟疫枝枯病菌 | *Cryphonectria parasitica* |
| 生理性病害 | 银杏早期黄化病 | | |

表4-4 杭州西湖银杏虫害名录

| 目名 | 科名 | 种名 | 学名 |
|---|---|---|---|
| 半翅目 | 盾蚧科 | 桑白盾蚧 | *Pseudacaspis pentagona*（Targioni Tozzetti） |
| 缨翅目 | 蓟马科 | 茶黄蓟马 | *Scirtothrips dorsalis* Hood |
| 鳞翅目 | 刺蛾科 | 黄刺蛾 | *Cnidocampa flavecens* Walker |
| | 卷蛾科 | 银杏超小卷蛾 | *Pummene* sp. |
| | 蓑蛾科 | 大蓑蛾 | *Clania variegate* Snellen |
| | 大蚕蛾科 | 银杏大蚕蛾 | *Dictyoploca japonica* Butler |
| | 大蚕蛾科 | 绿尾大蚕蛾 | *Actias selene* ningpoana Felder |
| 鞘翅目 | 天牛科 | 星天牛 | *Anoplophora chinensis*（Forster） |
| 等翅目 | 鼻白蚁科 | 台湾乳白蚁 | *Reticulitermes formosanus* Shiraki |
| | 白蚁科 | 黑翅土白蚁 | *Odontotermes formosanus*（Shiraki） |

### 3.枫香的病虫害种类及发生情况

（1）病害

杭州西湖风景名胜区内的枫香病害有2属2种真菌病害（表4-5），这两种病害发生少，危害程度也小。

（2）虫害

调查并已鉴定的枫香虫害有16种，分属4目9科（表4-6），其中发生较为普遍和严重的是刺蛾类、缀叶丛螟及黑翅土白蚁。其中，刺蛾1年发生2代，以老熟幼虫在茧内越冬。翌年4月下旬至5月上中旬化蛹，5月下旬开始羽化。6~9月是幼虫危害期。幼龄幼虫群集啮食叶肉或蚕食叶片，后逐渐分散危害，发生严重时可在数天内将整株树的叶片全部食尽。缀叶丛螟1年发生1代，以老熟幼虫在枫香根部或落叶杂草丛中结茧越冬。翌年4月化蛹，5月开始羽化、产卵，5月下旬至7月是幼虫为害期。幼虫常几十头至百余头群集结网取食为害，被害处呈网幕状，发生严重时短期内可将树叶吃光。8月中下旬老熟幼虫下树结茧越冬。黑翅土白蚁的发生特点与香樟类似。

表4-5 杭州西湖枫香病害名录

| 病原菌目、属 | 病害名称 | 病原菌中文名 | 病原菌学名 |
|---|---|---|---|
| 丝孢纲丝孢目 | 枫香煤污病 | 烟霉菌 | *Fumago* sp. |
| 葡萄座腔菌属 | 枫香干腐病 | 茶子葡萄座腔菌 | *Botryosphaeria ribis* |

表4-6 杭州西湖枫香虫害名录

| 目名 | 科名 | 种名 | 学名 |
|---|---|---|---|
| 半翅目 | 蚧科 | 吹绵蚧 | *Icerya purchasi* Maslell |
| | 蛾蜡蝉科 | 碧蛾蜡蝉 | *Geisha distinctissima* （Walker） |
| 鳞翅目 | 蓑蛾科 | 茶蓑蛾 | *Clania minuscule* Buter |
| | 刺蛾科 | 黄刺蛾 | *Cnidocampa flavecens* Walker |
| | 刺蛾科 | 桑褐刺蛾 | *Setora postornata* （Hampson） |
| | 刺蛾科 | 扁刺蛾 | *Thosea sinensis* （Walker） |
| | 刺蛾科 | 丽绿刺蛾 | *Latoia lepida* （Cramer） |
| | 刺蛾科 | 褐边绿刺蛾 | *Latoia consocia* Walker |
| | 螟蛾科 | 缀叶丛螟 | *Locastra muscosalis* Walker |
| | 大蚕蛾科 | 樟蚕 | *Eriogyna pyretoyrum* (Westwood) |
| | 大蚕蛾科 | 绿尾大蚕蛾 | *Actias selene ningpoana* Felder |
| 鞘翅目 | 天牛科 | 刺角天牛 | *Anoplophora chinensis* （Forster） |
| 等翅目 | 鼻白蚁科 | 台湾乳白蚁 | *Reticulitermes formosanus* Shiraki |
| | 鼻白蚁科 | 黄胸散白蚁 | *Reticulitermes flaviceps* （Oshina） |
| | 白蚁科 | 黑翅土白蚁 | *Odontotermes formosanus* （Shiraki） |
| | 白蚁科 | 黄翅大白蚁 | *Macrotermes barneyi* Light |

## 二、杭州西湖主要古树（香樟、银杏、枫香）病虫害防治技术

### 1. 香樟

（1）香樟的虫害防治历（表4-7、表4-8、表4-9）

表4-7 橄绿瘤丛螟防治月历

| 时间 | 虫态 | 防治方法 | 情况说明 |
|---|---|---|---|
| 6月上旬和8～9月 | 幼虫 | 于6月上旬越冬代初发期或者8～9月第2代发生期通过人工的方法摘除虫苞并集中销毁 | 利用幼虫群集的习性 |
| 6月中旬和8月下旬至9月初 | 低龄幼虫、大龄幼虫 | 用92%杀虫单1500倍、或2.4%阿维菌素3000倍、或20%阿维灭幼脲2000倍、或48%毒死蜱乳油1500倍、或4.5%高效氯氰菊酯乳油1000倍液等喷雾 | 交替使用 |
| 10～12月 | 虫苞 | 人工摘除虫苞并集中销毁 | 保证香樟景观效果 |

表4-8 黑翅土白蚁防治月历

| 时间 | 虫态 | 防治方法 | 情况说明 |
|---|---|---|---|
| 5～9月 | 幼虫 | 用灭蚁素乳胶剂（华中农大生产）涂抹树干基部；20%氰戊菊酯乳油或40%毒死蜱乳油的0.25%药液浓度，施在树苑周围土壤中，形成毒土屏障，树木伤口及时涂刷防蚁药剂和防腐油。阻塞白蚁活动传播通道 | 利用土栖性白蚁喜欢上树取食树皮的习性 |
| 4～6月 | 成虫、幼虫 | 白蚁分飞时，寻找白蚁分飞孔，用熏蒸剂磷化铝等喷入蚁巢 | 注意做好密封 |
| 4～10月 | 幼虫 | 在要保护的古香樟附近地下，埋入诱杀箱或诱杀瓶，诱杀白蚁 | 诱杀箱或诱杀瓶内放白蚁喜食物质作基本材料（如台湾乳白蚁采用松木板条最好）；适当加入甘蔗渣、松木屑、松花粉，再加一些密粘褐菌 |

表 4-9 樟颈曼盲蝽防治月历

| 时间 | 虫态 | 防治方法 | 情况说明 |
|---|---|---|---|
| 5月和<br>6月下旬至7月 | 幼虫、成虫 | 于5月上旬和7月若虫发生期5%可湿性吡虫啉粉剂1000～1500倍；或4.5%高效氯氰菊酯乳油1000倍液；或0.5%的苦参碱水剂800～1000倍液喷雾防治 | 利用幼虫群集的习性 |
| 6月上中旬和<br>8～10月 | 成虫 | 在成虫羽化时，设置诱虫灯或黄色黏虫板诱杀成虫 | 掌握好成虫羽化期，用频振式杀虫灯或黄色黏虫板进行诱杀 |
| 6月和8～10月 | 幼虫、成虫 | 及时扫除香樟落叶，集中销毁，减少虫源 | 保证香樟景观效果 |

（2）香樟的病害防治历（表4-10）

表 4-10 香樟炭疽病防治月历

| 时间 | 病害发生状态 | 防治方法 | 情况说明 |
|---|---|---|---|
| 4～6月和<br>9～10月 | 发生前或<br>发生初期 | （1）70%红日强力杀菌可湿性粉剂，有效成分为1，2双（3-甲氧羰基-2-硫脲基）苯。喷药900倍液，在枝干、树枝和叶片正背面都留下绿色覆盖物，每隔10天喷1次，连续喷雾3次，3次后接着每隔1个月喷雾1次，连续喷雾2次<br>（2）53.8%可杀得干悬浮剂，主要成分是氢氧化铜。在发病前或发病初期用2000倍液喷雾，确保在枝干、叶片表面留下绿色覆盖物。用药时期与方法同（1） | 香樟新芽抽生前，或抽生长叶初期，可抑制老叶上病菌发生，保护新叶免遭病菌侵染 |
| 3～5月 | | 及时扫除落叶，集中销毁 | 香樟换叶期，带病斑的老叶掉落地面 |

## 2.银杏

（1）银杏的虫害防治历（表4-11）

表 4-11 茶黄蓟马防治月历

| 时间 | 虫态 | 防治方法 | 情况说明 |
|---|---|---|---|
| 4～5月 | 蛹、成虫 | 悬挂蓝色诱板诱杀刚羽化的成虫 | 利用该虫对蓝色的趋性，且色板诱杀初期效果较佳 |
| 5月中旬至8月底 | 成虫、幼虫 | 用2.5%鱼藤酮2000倍、或1%苦参碱100倍、或25%吡虫啉3000倍、或4.5%高效氯氰菊酯乳油1000倍液等喷雾。由于该虫主要在银杏叶背面危害，因此喷药时喷头向上喷，从底部逐渐向上部喷，先喷叶背面，再喷叶正面，喷洒时要均匀周到 | 交替使用 |
| 9月至翌年3月 | 蛹 | 及时扫除落叶，集中销毁。用40%辛硫磷乳油1000倍液灌溉寄主周围土壤 | 杀灭越冬虫蛹 |

（2）银杏的病害防治历（表4-12）

表 4-12 银杏叶枯病防治月历

| 时间 | 病害发生状态 | 防治方法 | 情况说明 |
|---|---|---|---|
| 4～7月 | 发生前至<br>发生高峰期前 | 发生前或发生初期使用53.8%可杀得干悬浮剂（主要成分氢氧化铜）2000倍液。<br>发病期使用50%多菌灵500倍液、或70%甲基托布津可湿性粉剂800倍液喷雾。<br>以上药剂应每隔10天喷1次，连续喷雾3次，3次后接着每隔1个月喷雾1次，连续喷雾2次 | 香樟新芽抽生前，或抽生长叶初期，可抑制病菌侵入，保护新叶遭病菌侵染 |
| 10～12月 | | 及时扫除落叶，集中销毁 | 消灭越冬病源 |

### 3. 枫香

枫香的虫害防治历（表4-13、表4-14）

**表4-13 刺蛾防治月历**

| 时间 | 虫态 | 防治方法 | 情况说明 |
|---|---|---|---|
| 5月中旬至7月中旬 | 成虫 | 使用黑光灯诱杀成虫 | 利用成虫的趋光性 |
| 6～8月 | 幼虫 | 低龄幼虫发生期可摘除带虫叶片，并集中销毁。中、高龄幼虫发生期使用2.4%阿维菌素3000倍、或20%阿维灭幼脲2000倍、或灭蛾灵1000倍等喷雾 | 利用幼虫群集的习性交替使用 |
| 11月至翌年4月 | 虫茧 | 人工摘除、挖除虫苞并集中销毁 | 黄刺蛾、丽绿刺蛾的茧位于树干、树枝分叉处；其余几种刺蛾的茧位于寄主周围浅土层中 |

**表4-14 缀叶丛螟防治月历**

| 时间 | 虫态 | 防治方法 | 情况说明 |
|---|---|---|---|
| 5月下旬至7月 | 幼虫 | 人工摘除虫苞（网幕），并集中销毁 | 利用幼虫群集的习性 |
| 6～8月 | 低龄幼虫、大龄幼虫 | 用92%杀虫单1500倍、或2.4%阿维菌素3000倍或20%阿维灭幼脲2000倍、或48%毒死蜱乳油1500倍、或4.5%高效氯氰菊酯乳油1000倍液等喷雾 | 交替使用 |
| 11月至翌年4月 | 虫茧 | 人工挖除虫苞并集中销毁 | 茧位于寄主周围浅土层中 |

05
杭州西湖古树名木
信息化建设

杭州西湖
古树名木

传统古树名木档案以纸质档案和单机电子文档为媒介进行管理，存在档案内容不健全、数据分散且易丢失、难于查询和统计、档案组建缺乏科学性等问题。随着计算机技术的发展，传统的古树名木管理手段与保护模式已无法满足现代化城市发展与管理的需要。为更有效地对城市古树名木进行监管，利用互联网、地理信息系统等技术建立一个古树名木管理信息平台，及时收集、反映和分析古树名木的健康状态显得尤为重要。

目前国内多个城市的相关职能部门和科研院所建立了具有不同特色的古树名木信息系统。早期的信息系统多数采用Mapinfo公司的MapXtrem组件或美国ESRI公司的Mapobjects组件、ArcIMS组件进行二次开发，架构形成基于C/S模式或B/S模式的古树名木信息系统。这些信息系统对城市古树名木信息进行了系统整理，可用于古树名木的查询和动态监测，为古树名木的有效保护提供有力支持。但因为对专业组件或软件的依赖，开发和运维成本较高，难以全面推广。近年来，基于互联网地图模式的开发技术运用呈指数上升趋势。

## 一、设计思路

杭州西湖古树名木信息系统的总体设计是一种面向应用目标的设计，其设计紧密结合城市古树名木普查、管理和申报的业务流程。通过用户需求分析，系统性地规范各项业务流程，设计开发以实现对城市古树名木生长情况、立地条件、树木复壮和病虫害防治等数据的动态管理，方便管护单位用户对管辖区域内古树名木现状数据的查询和统计分析信息，为城市园林等职能部门提供辅助决策支持为目标。

## 二、开发环境

杭州西湖古树名木信息化建设以名胜区内古树名木为管理对象，构建基于B/S模式面向基层管护人员开发的一套规范化的古树名木信息系统，实现基于互联网的古树名木信息的查询与管理。系统采用Linux系统的刀片式专业服务器作为运行环境，采用光纤网络接入，保障用户请求的快速有效响

应。系统采用MYSQL建立数据库服务器，Apache建立网站服务器，PHP程序语言结合HTML、Javascript等技术开发的信息平台。系统以浏览器作为客户端的运行平台，将应用系统架构在Apache网站服务器上，数据库的管理和维护架构在MYSQL数据库服务器上，形成用户层、应用层和数据层三层体系结构。在应用层上，系统采用PHP语言分别编写数据访问层、业务逻辑层、表现层三层体系结构代码，并用SQL语句编写存储过程，封装数据的访问，以数据接口的形式供数据访问层调用。这样使得系统结构清晰，易于程序的更新与扩展，而且强化了数据库的事务处理、安全性和完整性的约束能力。

## 三、系统框架

根据系统设计的目标，系统的功能结构主要包括古树名木查询、申报、统计分析、树木复壮、技术支持和系统管理这6个子系统模块（图5-1）。查询模块主要实现对系统内建的数据库中古树名木属性信息进行综合查询与高级查询功能。申报模块主要实现古树名木申报、申报进度查询和预备古树清单查询功能。统计分析模块主要是对数据库中古树名木的空间属性和非空间属性进行相关的查询与统计分析，采用统计图标、报表数据、分布地图等不同形式展示统计信息。技术服务模块提供古树调查、声纳探测、复壮等服务信息。技术支持模块提供古树监测保护与复壮等相关部门的联系信息。系统管理模块主要实现古树名木管理、申报管理、基础信息管理、用户信息管理和个人信息管理的功能。

## 四、数据库设计

杭州西湖古树名木信息系统的数据由古树名木数据、古树申报数据和用户数据组成。根据数据类型又可分为非空间属性数据、空间属性数据和图像数据。数据库的设计则围绕这3种类型的数据建立起综合数据库（表5-1）。其中基础属性数据记录的数据为固定属性值，而动态属性数据记录了属性字段多个时期的数据值，而非新的数据值覆盖旧的

数据值，保留了历史数据，实行了真正意义上的动态监测。在综合分析系统运行环境、数据量和操作性的基础上，灵活运用数据库设计3个范式，细化各类型的数据结构和数据模型，从而建立起古树名木信息系统专题数据库。

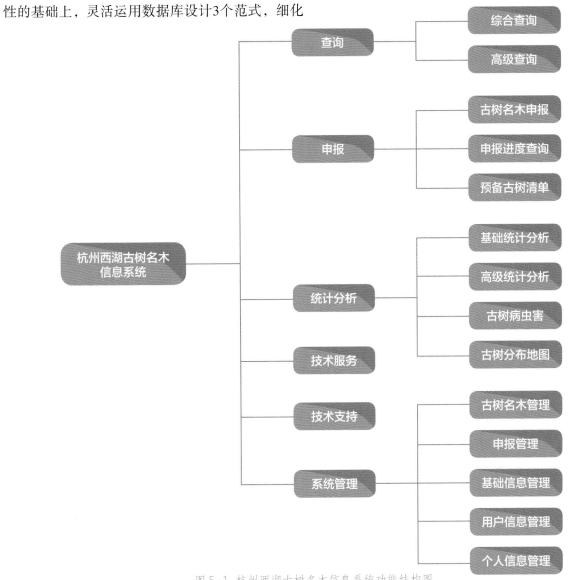

图 5-1 杭州西湖古树名木信息系统功能结构图

**表 5-1 杭州西湖古树名木信息系统数据库数据分类**

| 数据对象 | 数据类型 | 数据内容 |
|---|---|---|
| 古树名木数据 | 空间属性数据 | 经纬度坐标值、修正经纬度坐标值 |
| | 非空间基础属性数据 | 古树编号、古树名称、别名、科名、属名、树龄、种植地点、管护单位、监督电话和目前状况等 |
| | 非空间动态属性数据 | 树高、胸围、树冠直径、立地条件、树干情况、新枝生长情况、叶色、叶稠密程度、病害情况、虫害情况、生长环境评估、整体健康状况评估、现有养护措施、复壮信息、调查评估人员信息等 |
| | 图像数据 | 整株、局部细节和周边环境的照片 |
| 申报及预备状态的古树数据 | 空间属性数据 | 经纬度坐标值、修正经纬度坐标值 |
| | 非空间基础属性数据 | 古树名称、别名、科名、属名、树龄、种植地点、申报单位、联系电话、申报理由、审批意见、申报状态等 |
| 用户数据 | 非空间基础属性数据 | 用户名、密码、邮箱、用户类型、工作单位、登录信息等 |

## 五、系统功能

### 1. 古树信息

古树信息在用户系统上展示以古树卡片的形式进行表达。古树信息页面分左右形式布局，左侧显示古树的基础信息和GPS定位，右侧可显示三张图片布局，布局效果如图5-2、图5-3所示。底部设计

了"查看详细记录"和"更多图片信息"的链接，点击后会动态加载相关的信息。"查看详细记录"展示古树巡查记录和古树复壮记录，布局如图5-4所示。"更多图片信息"显示所有与查看古树相关的图片信息，其中声纳图仅对系统用户显示，布局如图5-5所示。

图 5-2 古树信息显示系统截图

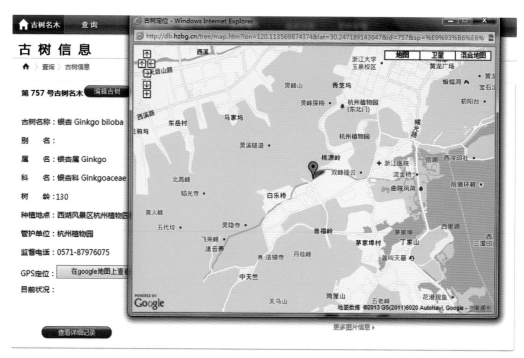

图 5-3 古树定位信息显示截图

图 5-4 点击"查看详细记录"后动态加载记录信息截图

图 5-5 点击"更多图片信息"后动态加载图片信息截图

### 2. 古树查询

查询模块有综合查询和高级查询两大功能。综合查询可根据古树名木的编号、树种中文名、树种拉丁名、古树所属城区名称、管护单位这5类信息进行模糊查询，用户只需输入要查询的内容，而不必选择输入内容所属的类别，系统根据内容自动进行判别，查询数据库并返回结果给用户，系统运行效果如图5-6、图5-7所示。高级查询可对古树名木信息所涉及的所有信息字段进行多字段任意组合查询，可选择不同的匹配条件进行定制，实现了用户不同需求的查询分析，系统运行效果如图5-8、图5-9所示。

图 5-6 古树综合查询页面截图

图 5-7 古树综合查询结果截图

图 5-8 古树高级查询截图

图 5-9 古树高级查询结果截图

### 3.古树申报

申报模块是在充分分析用户需求的基础上，开发的符合业务流程实际需求的功能模块。申报模块主要实现了古树名木申报、申报状态查询和预备古树查询功能，系统运行效果如图5-10所示。系统对符合古树名木条件的古树，可由古树名木主管部门对申报信息进行审核和填写审核意见，对"通过审核"的古树，可由管护单位的用户填写古树名木的详细信息。在以往其他城市建立的此类系统中均无涉及古树名木申报功能，申报模块的加入完善了申报业务流程和预备古树库存的管理，这对古树名木资源的前期保护和科学管理是十分必要的。

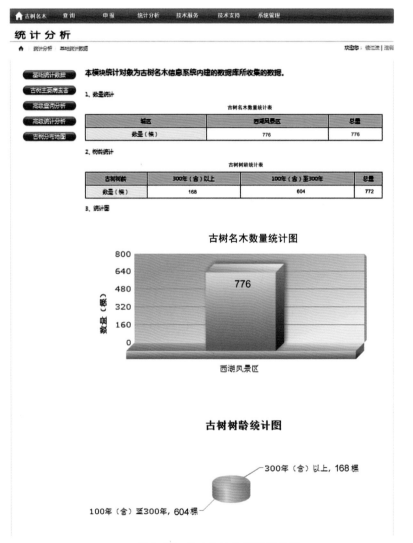

图 5-10 古树名木申报界面截图

图 5-11 基础统计分析页面截图

## 4. 统计分析

统计分析是由基础统计分析、高级统计分析、古树病虫害、古树分布地图这4个功能组成。

（1）基础统计分析

由系统定期生成古树的数量总数和各树龄段的统计表和统计图，系统定期生成的统计数据由数据库计划任务的事件自动统计并写入统计表中，系统可根据时间节点生成古树名木总数动态变化的统计图，系统运行效果如图5-11所示。

（2）高级统计分析

由详细统计分析、单变量自定义统计和多变量自定义统计组成，系统运行效果如图5-12所示。详细统计分析对城区古树分布数量、树龄、树种以及树高、胸围、空洞率等相关数据进行了更为细致的分类统计，系统运行效果如图5-13所示。单变量自定义统计可根据用户定义的城区、管护单位的统计范围和设定的统计项进行古树数量统计，系统运行效果如图5-14所示。多变量自定义统计是在单变量自定义统计的基础上增加了一项统计项，并可对这两项统计项以枚举所有值、数值域划定和值归类的统计方式进行多列数据统计分析，系统运行效果如图5-15所示。高级统计分析对古树名木的保护和科学研究提供强大的数据支持。例如为了探讨古树空洞与树龄的关系，本项目组运用多变量自定义统计工具，以空洞率范围作为X轴变量一，树龄范围作为X轴变量二，古树数量作为Y轴，统计树龄与空洞率的关系模型。通过该模型可以为古树空洞处理与古树复壮提供参考数据。

（3）古树主要病虫害

古树主要病虫害模块调查统计了杭州西湖风景名胜区内古树香樟、银杏和枫香的主要病虫害。系统从虫害种类及其发生规律、病害种类及其发病规律、主要病虫害图谱三个方面展示项目组在古树病虫害方面的研究，系统运行效果如图5-16、图5-17所示。

（4）古树分布地图

系统运用GoogleMapAPI和SougouMapAPI这两套WebGIS框架，实现了古树名木信息的空间结构

图 5-12 高级统计分析页面截图

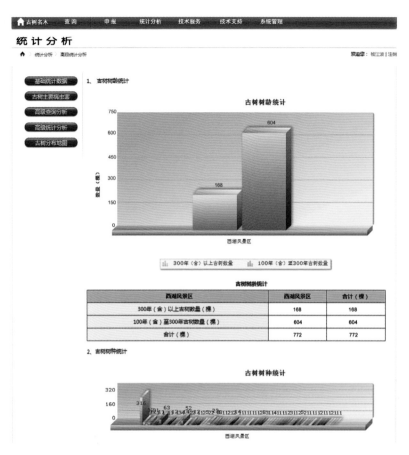

图 5-13 系统生成的详细统计分析页面截图

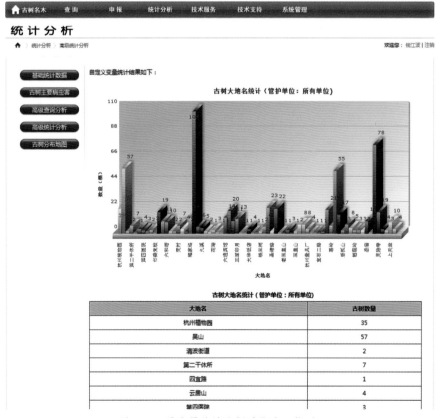

图 5-14 单变量统计分析功能演示截图

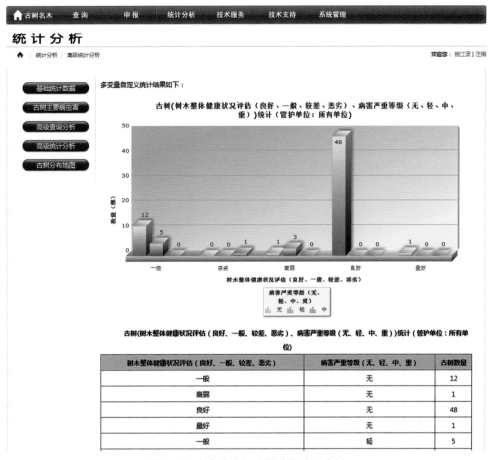

图 5-15 多变量统计分析功能演示截图

图 5-16 古树主要病虫害页面截图一

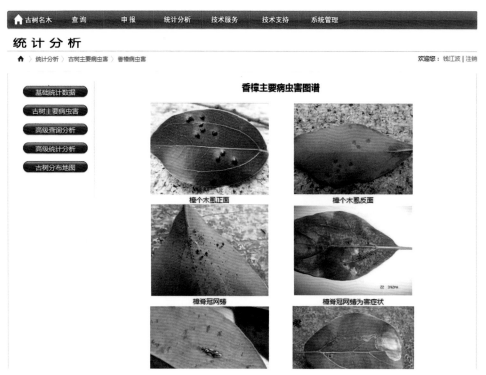

图 5-17 古树主要病虫害页面截图二

展示，用户能直观地查看古树名木的详细地理位置和总体分布情况，为科学管理和城市规划提供参考信息，系统运行效果如图5-18、图5-19、图5-20所示。并快速建立起两套轻量级古树名木地理信息查询系统。该模块具有以下优势：运用成熟MapAPI框架，省去了地图框架的组件开发，大大简化了开发的流程；基础地图、卫星地图的收集和处理由地图运行商处理，根据相关协议可免费使用，节省了人力和物力开支；地图上古树名木周边道路、建筑物等相关环境信息标注全面，相比自行构建地图底层添加相关信息，在信息量上具有明显优势；系统提供了矢量地图、卫星地图和三维地图的数据

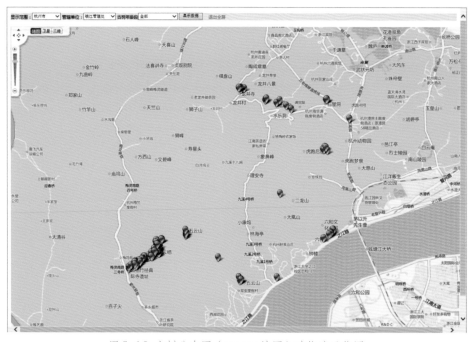

图 5-18 古树分布图（sougou 地图）功能演示截图

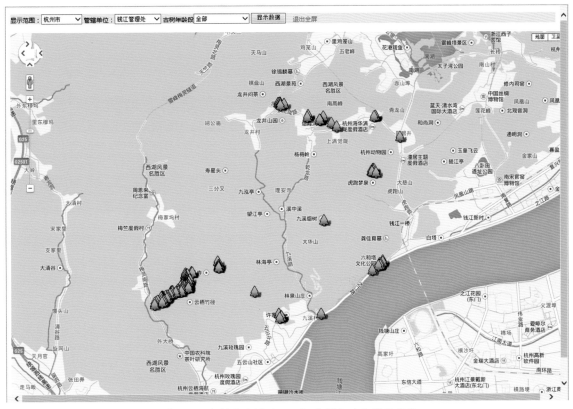

图 5-19 古树分布图（google 地图）功能演示截图

图 5-20 古树分布三维图（搜狗地图）功能演示截图

展示，特别是三维地图的运用，使得古树的分布状况显示更为直观；相比传统的GIS组件框架，界面操作更为简便。当然，因为是轻量级的地理信息系统，本系统与ArcIMS等组件二次开发的系统相比还是存在一些不足的：无法加载城市规划等专题图层；无法进行网络分析等。但是考虑到系统所服务的主要对象为基层管理单位，这类高级功能的加入反而会导致系统结构的复杂，不易于非专业用户的操作，综合考虑各项因素，本系统选取了轻量级的WebGIS进行架构。

### 5. 系统管理

系统管理由古树名木管理、古树申报管理、基础信息管理、会员信息管理和个人信息管理这5大块组成。

（1）古树名木管理

系统提供了按古树编号、城区选择、树木名称和模糊查询方式对古树名木进行编辑，系统运行效果如图5-21、图5-22所示。根据数据类别划分为基础信息、巡查信息、复壮信息、图片信息和坐标纠正，以分页显示的方式展现给用户。其中坐标纠正功能可让用户在地图上直接拖放古树名木的坐标标记进行偏差纠正，这使得古树名木的坐标定位更加精确，坐标纠正页面如图5-23所示。

（2）古树申报管理

以表格的形式展示申报信息，通过查看详细信息执行申报古树状态、审批意见填写等管理操作。

（3）基础信息管理

系统提供了物种表、城区、大地名、管护单位、调查评估人和古树名木动态属性项这6类元数据的管理。

（4）会员信息管理

以表格的形式显示已注册的用户详细信息，实现了添加、锁定、删除用户的功能。此外在用户忘记密码时，可通过注册邮箱重新设置密码。

（5）个人信息管理

显示用户的详细信息，用户能对个人资料和密码进行修改。

### 6. 用户权限

用户权限是实现系统分级管理的必要措施，本系统根据职能部门权限的不同划分成系统管理员、城区管理员、城区会员、单位管理员和单位会员这5个等级。不同等级的用户在信息的查看、编辑、

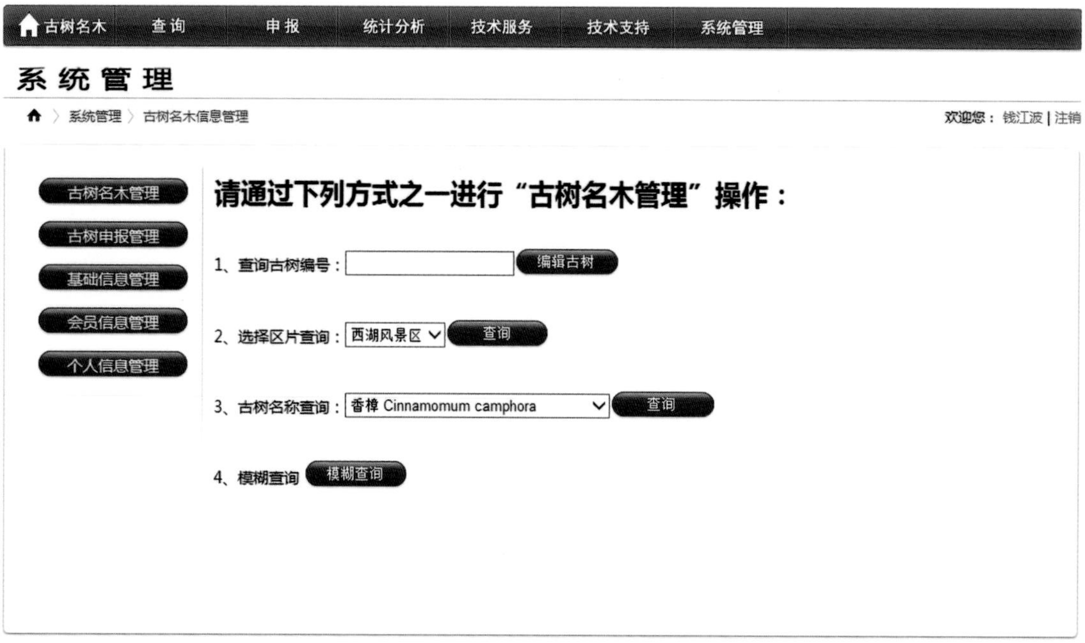

图 5-21 古树名木管理功能功能截图

图 5-22 古树名木编辑页面截图

图 5-23 古树名木坐标纠正功能演示截图

删除和统计范围做了细致的划分。比如单位会员仅能查看、添加和统计本单位管护的数据，无权修改基础信息和删除已保存巡查信息等操作。用户权限功能减少了用户的操作失误给信息完整性造成破坏的可能性，使得数据更加安全。

## 六、展望

杭州西湖古树名木信息系统的构建提供了全面了解杭州西湖古树名木的查询途径，也为古树名木的监管和复壮提供有力数据支持，进一步推动古树名木的现代化管理。构建杭州西湖古树名木信息系统，对长期积累的数据进行信息化、数字化和知识化研究，将对古树名木的监管保护产生重大意义。本系统明确了树木的基本属性和动态属性，涵盖了树木的各方面和各个时间段的信息，并可扩展数据结构，为古树名木监管的可操作性奠定了基础。本系统将古树名木监管责任落实到基层管护单位，将古树名木保护落到实处，从而推动古树名木管理精确化、科学化，为古树名木的有效保护提供可靠的依据。基于WebGIS技术的GoogleMAP和SougouMAP组建的轻量级地理信息系统，从空间上更清楚地了解古树名木的位置、周围的环境，对古树名木信息的空间查询和分析提供科学的工具。

06
杭州西湖古树名木
保护复壮技术

杭州西湖
古树名木

## 一、古树名木衰弱原因

古树历经了百年甚至上千年的时光，长势一般会逐渐减弱，再加上现代城市不断发展，导致古树所面临的问题越来越多。生长环境的恶化、环境的污染、病虫害的侵蚀、恶劣天气的影响以及人为破坏，都是造成古树名木衰弱甚至死亡的原因。

### 1. 自然老化

自古以来人类追求永生的脚步就没有停止过，从古代的帝王炼制方士丹药，到现在进补保健，都是人类追求永生的表现。但是至今我们都不能破译永生的密码，所做的努力只能延缓衰老，而不能阻止衰老和死亡。对于树木而言，同样会随着树龄增加而自然衰老，生理机能逐步下降，根部水分及养分吸收能力以及叶部光合作用的能力，不能满足树木自身生存的需要，使其生理代谢慢慢失去平衡，从而导致树势衰弱。古树名木的寿命首先取决于树木本身的遗传特征，有些树木寿命能长达百年甚至千年，有些则非常短命。据调查统计，杭州西湖风景名胜区内共有100年以上的古树名木65种，分属35科56属，其中数量较多的树种有香樟、枫香、珊瑚朴、银杏、苦槠、桂花、等。就具体数量而言，其中香樟344棵，枫香75棵，珊瑚朴44棵，银杏32棵，苦槠31棵，桂花20棵，虽然这和栽植数量、栽植环境有很大的关系，但也反映出树种对树木寿命的影响。

自然老化是古树衰老的内在因素，是人力不可控的，我们能做的是给古树名木营造一个良好的生态环境，消除或改良对古树名木生长不利的因素，最大限度地延缓古树的衰老。

### 2. 立地条件恶化

立地条件恶化是加速古树名木衰弱最主要的原因之一。主要包括土壤营养状况不佳、土壤板结、过度铺装等。

轮作是农业上的一项重要措施，我国早在西汉时期便开始实施轮作，北魏《齐民要术》中有"谷田必须岁易""麻欲得良田，不用故墟""凡谷田，绿豆、小豆底为上，麻、黍、胡麻次之，芜菁、大豆为下"等记载。实施轮作的一个重要原因是因为不同的植物从土壤中吸收各种养分的数量和比例各不相同，在同一地点单一地种植同一种植物，会导致部分元素被片面地大量消耗，而部分元素会逐渐富集，从而影响植物的生长。而古树几百年来都在同一土地内吸收养分，其根部土壤的营养元素比例必定存在不合理乃至缺肥。

由于古树冠大荫浓，人们多喜欢在其周围活动，尤其是种植于公园绿地或村庄中的古树，往往由于游客或市民的长期频繁踩踏导致土壤板结严重。遭受踩踏后，土壤团粒结构遭到破坏，表层会变得密实、坚硬，从而导致土壤的渗水性、透气性和营养状况都变差，土壤中水、气、肥不能有效循环，使根系的有氧呼吸、营养运输和伸展严重受阻，直接影响根系活力，导致旧根系老化死亡，新根系萎缩变形，是造成古树树势衰弱的直接原因之一。

有些城市内的古树或分布于主干道两侧，或分布于公园绿地，为了方便通行或观赏，往往会在树干周围用水泥砖或其他硬质材料进行大面积铺装，仅留下较小的树池，这样就容易造成土壤通气性能的下降，根系窒息。也使在降雨时，形成了大量的地面径流，根系无法从土壤中吸收到足够的水分。此外，大量的铺装导致古树周围无法种植植被，夏天铺装直接暴晒在阳光下，会使土层温度过高，影响根系的正常代谢功能，导致根系生长缓慢或停止，最终导致根系死亡。

随着城市的不断发展，人为活动造成的环境污染也会直接或间接地影响古树的生长，从而加速古树衰老的进程。比如，古树的生长环境常不同程度地遭受到建筑垃圾、生活垃圾和工业垃圾等有害物质的污染，不仅影响土壤的物理化学性质，而且也直接毒害根系，危害树木的生长与生命。另外，建设工程在实施过程中，若保护不当，可能会对古树根系产生损伤，对古树造成不可逆的影响。有时，部分施工单位为了贪图一时的便利，将地基挖出的土壤堆积在古树周围或有目的地给古树过度覆土，使树根周围的地面显著抬高，结果导致树木呼吸受阻，逐渐窒息枯萎。此外，个别人会在古树树体上缠铁丝、钉钉子、乱刻画等，使古树树体受到损害。

### 3.自然灾害

在杭州，基本上每年都会遭受到台风、干旱、大雪等自然灾害，这些自然灾害的来临，对古树的生长产生了严重影响。古树一般树体高大、树冠浓密，容易受到大风、台风的危害，不过一般被大风整株吹倒的并不多见，但梢头或分枝折断却屡有发生，而部分遭受过病虫危害致空心的树木，其大分枝乃至主干易被大风拦腰刮断。大雪同样对古树有着严重的影响，尤其是香樟，其枝条比较脆，往往会出现枝条被积雪压断的情况，如伤口不能及时愈合，则会导致树体腐烂等严重后果，进而影响古树生长。干旱则会造成古树生长迟缓，部分枝端枯死；如果干旱持续时间长，树叶会失水而卷曲，严重者可使古树落叶，小枝枯死；与此同时，当古树遭受干旱时，容易遭病虫侵袭，从而导致古树衰弱。此外，因古树多为孤立木，又往往比较高大，易遭受雷击伤害。2011年9月下旬，杭州植物园灵峰笼月楼附近的一株金钱松古树（树龄150年）遭受雷击，导致树干顶部开裂死亡）。

### 4.病虫害

杭州西湖的部分古树时常遭受病虫害侵入。害虫的刺吸、蚕食、蛀食等，会导致树体营养损失或树体疏导组织破坏，造成古树生长发育不良。一些真菌或细菌的入侵，会大大降低古树的光合效率，导致树势衰弱。一些生理性病害，也会降低叶片中叶绿素的含量，进而影响光合作用，导致树体衰弱。

### 5.其他

部分古树名木生长于自然山林中，一方面古树与周围的树木之间距离很近，彼此争夺光照、水分和营养元素，古树因为自身功能趋于老化，在竞争中处于劣势，导致树势不断下降；另一方面，周围植物众多导致郁闭度过高，通风不良，夏季高温高湿，利于害虫及真菌滋生。有些附生或攀缘性植物还会依附在古树主干上，对其主干造成损伤。生长于农村祠堂前的古樟往往会作为"神树"，并有在树旁进行烧香祭拜的风俗习惯，这些古樟终日经受烟火的熏蒸，不仅使古树的生长受到了不利的影响，还大大增加了火灾隐患。

此外，养护不到位、复壮保护措施不科学也是古树衰弱的一个重要原因。部分古树，特别是地处偏僻地区的古树有存在大量枯枝的情况，这说明了这些古树在日常养护管理中是不到位的；还有部分古树的树洞还在采取水泥等硬质填充物进行补洞，时间一久，水泥与树体分离，反而不利于树体恢复。

## 二、古树名木健康状况诊断

古树名木健康状况诊断的核心是要查明古树名木衰弱的主导因子。引起古树名木生长衰弱的原因有很多，可能是一种，也有可能是几种共同作用的结果，这就需要通过现场调查、仪器检测、室内检测分析等综合评估引起古树名木衰弱的主要原因，并以此制定具有针对性的保护复壮措施。

图 6-3 自然灾害对古树名木的影响

图6-4 生长环境等其他因素对古树名木的影响

图6-5 树洞修复等养护措施对古树名木的影响

**1. 现场调查**

对古树名木进行实地调查，调查内容包括基本情况（古树名称、所属科属、学名、树龄、种植地点、树种编号、GPS定位坐标、管护单位等）、立地条件、树体外部形态、树体健康程度、树体病虫害种类、已采取的保护措施、健康状况评估、摄影情况及历史传说等，并填写"古树名木调查表"。

# 古树名木调查表（样表）

调查人：　　　　调查地点：　　　　　　　　　　调查时间：　　　　　　调查编号：

<table>
<tr><td rowspan="7">基本情况</td><td>古树名称</td><td></td><td>别名</td><td></td><td></td></tr>
<tr><td>科名</td><td></td><td>属名</td><td></td><td></td></tr>
<tr><td>学名</td><td></td><td>树龄</td><td></td><td></td></tr>
<tr><td>种植地点（注明附近标志性建筑）</td><td colspan="4"></td></tr>
<tr><td>古树编号</td><td></td><td>GPS定位坐标</td><td colspan="2"></td></tr>
<tr><td>管护单位</td><td></td><td>监督电话</td><td colspan="2"></td></tr>
<tr><td colspan="6">立地条件（包括有无高大建筑/地表结构是否透水、透气/地表有无杂物/有无地下管线/近几年周边有无工程影响/土壤pH值及肥沃状况）</td></tr>
<tr><td rowspan="11">树体外部形态</td><td>树高（m）</td><td></td><td>胸围（m）</td><td colspan="2"></td></tr>
<tr><td>树冠直径（m）</td><td>东西向：</td><td>南北向：</td><td colspan="2">主干表皮破损宽度比例（%）</td></tr>
<tr><td>主干倾斜角度（°）</td><td></td><td colspan="3">树干中心空洞和腐朽直径（cm）</td></tr>
<tr><td>最低分枝部位（m）</td><td></td><td>树干上杂物</td><td>有处</td><td></td></tr>
<tr><td>树干开裂</td><td>东处</td><td>南处</td><td>西处</td><td>北处</td></tr>
<tr><td>树洞方位</td><td>东处</td><td>南处</td><td>西处</td><td>北处</td></tr>
<tr><td>断枯枝（直径cm）</td><td>东处</td><td>南处</td><td>西处</td><td>北处</td></tr>
<tr><td>露根（有则在相应方位打勾）</td><td>东</td><td>南</td><td>西</td><td>北</td></tr>
</table>

| 树体健康程度 | 当年生新枝平均生长长度（cm） | | | | |
|---|---|---|---|---|---|
| | 叶色 | 正常 | 偏黄 | 枯黄 | |
| | 叶稠密程度 | 正常 | 稀疏 | 秃裸 | |
| | 树冠干梢程度 | <1/4 | 1/4～1/2 | 1/2～3/4 | >3/4 |

| 树体病害种类 | 病害严重等级（无、轻、中、重） | | 树体虫害种类 | 虫害严重等级（无、轻、中、重） | |
|---|---|---|---|---|---|
| | | | | | |
| | | | | | |
| | 已采取的防病措施 | | | 已采取的防虫措施 | |
| | | | | | |

| 已采取的保护措施 | 补树洞（有几处，并注明采取保护措施的年份，所用材料及费用情况） | | 护栏（有或无，并注明采取保护措施的年份，所用材料及费用情况） | | |
|---|---|---|---|---|---|
| | 支撑（有几处，并注明采取保护措施的年份，所用材料及费用情况） | | 树池（有或无，并注明采取保护措施的年份，所用材料及费用情况） | | |
| | 树箍（有几处，并注明采取保护措施的年份，所用材料及费用情况） | | 断口防腐处理（有几处，并注明采取保护措施的年份，所用材料及费用情况） | | |

### 2. 仪器检测

有些古树虽然树冠饱满、树干外观完好，但其内部可能已经疏松甚至有较大的空洞。这些内部腐烂、空洞不但损蚀古树，还存在着严重的安全隐患。古树内部空洞的主要原因是树体受到人为伤害、病虫害或自然灾害造成树体破损后，伤口没有及时愈合，受到各种木腐菌以及雨水的侵蚀，导致木质部逐渐腐朽，并向内部横向及上下纵向不断扩大，最终形成空洞。空洞的形成和发生主要受以下两个因素影响：第一个是伤口因素。树体受损是木腐菌侵染的先决条件，人工修剪枝干、擦伤、碰伤、蛀干类害虫及树干病害、风吹折断、雷击等各种人为、自然因素造成的伤口未及时进行防腐消毒处理，导致木腐菌从伤口处侵染，只要条件合适便会大量繁殖，使得伤口难以愈合甚至扩大，并逐渐腐烂形成空洞。蛀干类病虫害是造成树体空洞的一个重要因素，它们不但可以直接在树体上产生伤口，为木腐菌侵染提供条件，并且随着病虫害的不断危害将导致伤口难以愈合甚至越来越严重。通过调查发现古树的蛀干类害虫及树干病害主要有：白蚁、天牛、透翅蛾及干腐病等。其中，白蚁类害虫造成的空洞一般位于树干基部或根颈部，如家白蚁在基部筑巢后向上蛀食主干，可直接造成较大的空洞；天牛、透翅蛾造成空洞一般位于主干及枝干的受害处，起初较小，后期逐渐扩大，纵深化发展。

第二个是木腐菌及水分因素。木腐菌可分为白腐菌和褐腐菌，大部分种类为腐生菌，有些种类兼性寄生。其中白腐菌主要是担子菌和某些子囊菌，能分解木质素导致木质白色腐朽；褐腐菌主要是多孔菌，能分解纤维素和半纤维素导致木质褐色腐朽。由于活树的边材对木腐菌的侵蚀有较强的防御能力，所以木腐菌从树体伤口侵入后多向内侵蚀心材，这就造成了古树树干完好，但其内部木质部已经腐朽空洞。木腐菌在树体内存活和繁殖需要的条件主要有：水分含量>15%、空气含量>10%、温度-5～45℃、pH6～8。由于古树内部的空气、温度、pH等条件完全可以满足木腐菌的生长要求且难以人为控制，因此控制树洞内部的水分含量是防止古树腐朽空洞扩大的关键。

为了更有效地对古树内部健康状况进行评估，准确、直观地掌握古树内部的孔洞、腐蚀情况，必须借助先进的仪器进行检测，如匈牙利产的Fakopp声纳探测仪。该仪器运用应力波技术检测树木内部情况（如腐烂、空洞等），通过检测敲击锤产生的声波传播时间，运用高准精度的树木几何信息学软件计算声速传播率和树木密度图像，进而准确地描述树木内部结构。其原理如图6-6所示，敲击传感器产生的应力波在缺陷处的传播速度会降低，通过计算应力波在各传感器间的传播时间来确定缺陷的具体情况。具有操作简单、精确度高、非破坏性等优点。

2011—2012年杭州植物园使用Fakopp声纳探测仪对杭州市113株古树树干内部腐烂空洞情况进行检测。每株古树选取3个高度的截面（0.6m、1.2m、1.8m）进行无损探测，每个截面均匀设置8个传感器，每个传感器匀速敲击5次，检测结果通过数据线传输至电脑，通过ArborSonic3D软件计算分析古树空洞的形状和大小，形成树干截面图，反映该截面的缺陷、空洞情况，其中红蓝色表示空洞或腐烂，绿色表示疏松，淡褐色表示处于渐变状态，褐色表示健康。然后使用FakoppMultilayerView软件根据3个高度的检测数据经矩阵计算、数据重构，生成所测树干缺陷空洞的立体图形，其中蓝紫色表示空洞，红黄色表示渐变状态，绿色表示健康（图6-7）。通过对树干立体

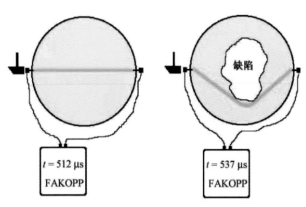

图6-6 Fakopp 声纳探测仪工作原理

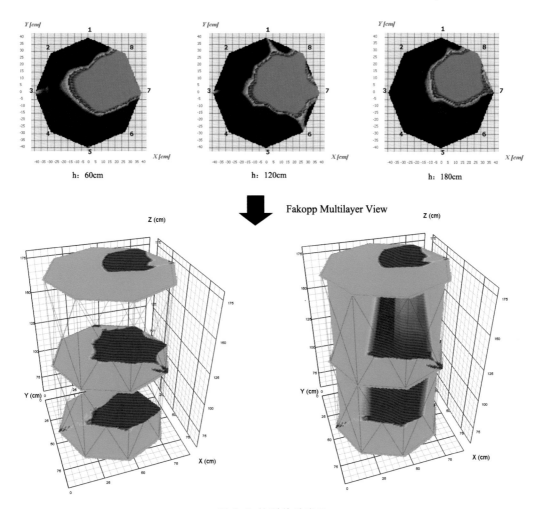

图 6-7 检测结果演示

图形的归纳整理可以发现树干整体内部情况与3个截面的空洞率高度正相关，因此可以根据3个截面的空洞率来综合评估古树树干的空洞等级：将3个高度的截面总面积计为S，S=S1+S2+S3；总空洞面积计为S'，S'=S1'+S2'+S3'；空洞率P=S'/S×100%，P=0为无空洞，P≤25%为轻度空洞，25%<P≤50%为中度空洞，P>50%为重度空洞。

检测结果显示，113株受检古树中无空洞的古树29株，占总数的25.7%。此类古树木质部健康，无空洞或腐蚀，没有突然折断的安全隐患。轻度空洞的古树18株，占总数的15.9%。此类古树木质部比较健康，有少部分空洞或腐烂，突然折断的风险较小。中度空洞的古树34株，占总数的30.1%。

此类古树木质部疏松，已有较大面积的空洞，存在一定的安全隐患。重度空洞的古树32株，占总数的28.3%。此类古树内部空洞已占截面面积一半以上，折断、倒伏的安全隐患较大。

### 3.室内检测分析

由于土壤的状况是决定古树名木生长的重要因素之一，因此需要在现场调查的基础上，取足够的土壤样本带回实验室进行详细的理化性状检测，主要指标有：pH、有机质、有效氮、有效磷、速效钾、容重、EC值、孔隙度等。同时，还要根据实际需要对叶片的叶绿素进行检测。此外，对现场不能鉴定的害虫有必要时应带回实验室做成干标本，然后再根据文献鉴定；采集到的幼虫先做初步鉴定，等养至成虫再做最终鉴定；采集到的病害标本先判断是何种病害，拍摄生态照片，等病原微生物培养后再最终定名。

### 4.古树名木衰弱原因诊断分析

汇总现场调查、仪器检测、室内检测等各方面结果，对古树的衰弱原因进行分析评价，形成诊断报告，并由此查明引起古树衰弱的主导因子，确定复壮的重点。在此基础上，研究科学、合理的保护复壮方案，当由于两个以上原因造成古树生长衰弱时，宜采用综合性复壮技术措施。

## 三、古树名木保护复壮技术

古树的衰老不能简单归结为某个原因，往往是多种原因共同作用的结果。其衰弱的主、次原因是随着不同的生长季节和气候环境不断转移、变化的。在进行古树复壮时，既要掌握整体的共性，又要兼顾个体的特性，做到有的放矢、统筹兼顾。具体而言，针对长势衰弱的古树进行复壮包括地下和地上两部分，地下复壮主要通过地下系统工程创造适宜古树根系生长的条件，诱导古树根系活力，达到诱导根系生长发育的目的；地上复壮以树体管理为主，具体包括树体支撑、树洞修补、避雷针装设、病虫害防治等。

### 1.地下部分

地下部分的复壮核心是要改善土壤状况，创造根系生长的适宜条件，增加土壤营养，促进根系的再生与复壮，提高其吸收、合成和输导功能，为古树生长打下良好的基础。主要措施有以下几种：

（1）换土

将原有板结的、受污染的或堆高的土移除，改填理化性状优良的土壤，以改善土壤条件，促使古树根系生长。

（2）拆除铺装

拆除硬质铺装是从根本上解决古树表层土壤通气问题的有效途径，拆除铺装后应对表层土壤进行改良，有条件的还可以种植豆科植物，除了改善土壤肥力外还可以提高景观效果。若条件不允许，应

将树冠投影范围内的硬质铺装改成透气性铺装，并根据立地条件尽可能地扩大树穴。

（3）设置复壮沟

完整的复壮沟系统由复壮沟、通气管和渗水井组成。该系统在增加土壤通透性的基础上，还可以使积水通过管道、渗井排出或用水泵抽出，创造适于古树根系生长的优良土壤环境条件，有利于古树的复壮与生长。实际操作时可根据立地条件以及古树的长势，选择复壮沟的深度和宽度，并决定是否需要安装渗水井。

（4）打孔

对树冠投影范围内板结的地面进行打孔，并填充肥料、泥炭土、木屑等材料，可以增加土壤的透气、透水、蓄水能力，泥炭、木屑自然降解后持续供给古树养分，并有利于土壤微生物的生存和活动。打孔的数量、直径、分布要根据实际情况确定。

（5）施用生长调节剂

给古树根部及叶面施用一定浓度的植物生长调节剂，使古树复壮，延缓衰老。

### 2.地上部分

地上部分的复壮核心是要保护古树树体健康，促进古树安全，增加营养生长，提高光合作用效率。主要措施有以下几种：

（1）树体支撑

树体支撑是古树复壮的重要一环，目的就是要防止古树树干或大的枝条倒伏、断裂。古树树干一旦断裂或整个树体倒伏，很难再重新焕发生机。对于杭州西湖而言，出于对游人安全的考虑，加强古树树体支撑尤显重要。目前杭州西湖对支撑杆和树体被支撑部位的处理方法是在上端与树干连接处做一个碗状树箍，加橡胶软垫，垫在铁箍里，以免损伤树皮；有时也会采用环状树箍，内衬橡胶软垫，树箍连接处用松紧的螺栓固定，可视具体情况进行松或紧。支撑一般用钢管，大多采用斜式支撑，虽然方法简单、牢固实用、易于施工，但降低了区域空间和古树本身的景观质量。可以改进采用立式支撑或艺术支撑，立式支撑是支撑杆垂直于地面的一种方式，不仅对空间分割和古树景观影响小，而且容易形成整齐划一的景观效果。艺术支撑又称仿真

支撑，它的核心就是对支撑杆进行艺术化处理，使其具有一定的观赏性，与周围环境和古树本身相得益彰，例如，可以将支撑杆仿树桩进行支撑，先绘制仿枯树桩支撑的效果图，按照效果图支设钢管，绑缚钢筋骨架，最后在现场熬制玻璃钢进行艺术仿真。

**（2）树洞修补**

控制树洞内部的水分是防止空洞扩大的关键，因此需要根据树洞的实际情况和周围的环境综合判断是否要修补树洞。若古树的稳定性及排水性均良好，且不会造成积水，则不必进行修补，只需定期进行树洞排水检查以及表面消毒、防虫、防腐处理。对于一些排水不良的树洞，洞内积水仅靠蒸发和自身吸收难以排除干净，这就需要及时修补树洞了。树洞修补禁止使用水泥、砖头等刚性填充材料，修补时先用刮刀将树洞中腐烂、疏松的部分刮干净，再用杀菌剂、杀虫剂进行除虫除菌处理，待树洞内干燥后涂抹桐油或香清油合剂等防腐保护剂。然后使用水溶性聚氨酯填充树洞，边缝及洞口要严实密封，必要时还应对洞口进行整形或使用仿真树皮进行美化。最后，每年雨季前要对填补的树洞特别是边缝及洞口部位进行详细的检查，若有裂缝需及时补修。

**（3）避雷针装设**

杭州夏季雷阵雨多发，而古树一般树体高大，且多为孤植，因此较易遭受雷击。据记载，杭州西湖个别古树曾遭受过雷击，对于树木生长造成了较大影响，有些树木在遭受雷击后死亡。因此，高大的古树应装设避雷针。

**（4）围栏设置**

目前杭州西湖绝大部分古树都设置有围栏，但有部分围栏过小或仅仅为铁质小护栏，铁质围栏不仅容易生锈腐烂，而且与古树景观不协调，因此建议采用石质围栏，且围栏距树干应不少于3m，从而提供优良的古树生长小生境，减少人为干预，促进古树健康生长。

**（5）水肥管理**

古树经多年生长、反复吸收，土壤中营养元素的组成和比例已经不能满足古树正常生长的要求，若不及时进行水肥管理，会影响其正常的生长。施肥应根据土壤分析结果，确定施肥种类，根据实际生长需要，确定施肥方法。对生长较健康的古树，以在根际周围施厩肥为主；对生长势较弱的古树，以树干滴注液态肥为主。也可对叶面喷施液态肥，注意不要施大肥、浓肥，要勤施淡肥。此外，应根据土壤墒情进行浇水，若有积水，应及时排涝，对长在低洼地段的古树，应结合复壮沟修建地下渗水管网。

**（6）病虫害防治**

古树由于生长势减弱易招虫致病，严重的会加速死亡。在本项目实施过程中，也发现一些古树存在病虫害。为此，应加强日常巡查，一旦发现古树出现病虫害，应及时采取有效措施防治，详见第四章。

## 四、古树名木保护复壮技术示范

### 1. 香樟（树龄700年）

位置：位于杭州植物园玉泉停车场边。

复壮前基本情况：该古树长势良好，但仍存在几个问题：树洞大而明显，洞内有杂物；生长环境内土壤已有多年未经更换、未改良，营养水平低。

复壮措施：该古树虽然空洞面积较大，但由于空洞整体是敞开式的，底部也没有形成锅底，稳定性和排水性均较好，为保持其原有风貌，突出其古朴的特色，经专家会诊后决定不采用补洞措施，而采用清腐、防腐的措施。

**（1）树穴改造**

结合玉泉景区工程项目，实施树穴改造，将原有树穴扩大，改善其生境。

**（2）树洞防腐**

先用锋利的刮刀将树洞中腐烂、疏松的部分刮干净，刮到新鲜树干。再使用溴氰菊酯、多菌灵混合800倍液进行杀虫杀菌处理，最后采用5%的硫酸铜溶液消毒、涂抹水柏油（木焦油）、松香清油合剂等防腐蚀保护剂。

**（3）改良土壤**

深挖0.5m（注意随时将暴露出来的根用浸湿的草袋盖上），把原土与沙土、腐叶土、大粪、锯末、少量化肥混合均匀之后再填埋其中。

**（4）对周边树木进行修枝**

对树冠外10m范围内的其他树枝进行了强修

图6-8 香樟古树复壮前

图6-9 香樟古树细部

图6-10 树干内部杀虫杀菌

图6-11 扩大树池、改良土壤

图6-12 改良后的土壤和地被

剪，改善了采光条件，确保该古树正常生长所需的空间。

## 2.香樟（树龄700年）

位置：位于杭州植物园西门内雷殿山。

复壮前基本情况：该古树所在位置周边杂树多，树体本身空洞多，且树皮剥落严重，枯枝多，生长势趋弱。

复壮措施：根据古树现状及可预测的风险，采用修剪枯枝、改良生境、填补树洞、安装支架、增设避雷装置和树皮修复等复壮方式，对古树进行复壮养护。

（1）清除周边杂树及树冠下杂草

沿树冠清理周边及树冠下杂草杂树，以提供古树生长的足够空间及养料。

（2）填补树洞

由于该古树主干上的空洞一直向下至主根，形成一个大的锅子底，无法排水，故需要填补树洞。

①清腐。先用锋利的刮刀，将树洞中腐烂、疏松的部分刮干净，刮到新鲜树干即可。

②杀菌。用溴氰菊酯、多菌灵混合800倍液进行杀虫杀菌处理，待树洞内干燥后，采用5%的硫酸铜溶液消毒；再涂抹水柏油（木焦油）、松香清油合剂等防腐蚀保护剂。

③钢筋支架。依据树形及树洞走向埋设钢筋支架，以增加填充剂的牢固度。树洞填补应由下至上分段逐步进行。为帮助填充物定型及便于后期修整，分段填充前，还应在钢筋支架上固定一层弯曲程度与树干吻合的细密铁丝网。倾倒填充物前还要在铁丝网外加固一张具有一定弹性的三合板，以防止填充物外漏。待填充物凝固后，去除三合板，进行下一段树洞的填补。

④发泡剂。此次填补树洞，采用的是水溶性聚氨酯堵漏剂。具体做法如下：防漏剂起初为黄色黏稠状液体，混入少量清水后，搅拌至泛白，随后快速倒入需要填补的孔洞内，十几分钟后，发泡剂膨胀变硬停止增长，便可进行下一阶段的填补。

（3）土壤改良

将原堆积在树干的回填土清除，并顺应地势，将之整理成一个东高西低的斜坡，以方便排水及营造冠下景观。松土施肥，冠下及周边种植豆科植物，增加土壤肥力。

（4）修剪枯枝

清除树冠枯枝，整顿树形。

图 6-13 复壮后的古树全貌

（5）安装支架

选取树冠茂密的两主枝做钢管斜式支撑。处理方法即在上端与树干连接处做一个半环状的树箍，加橡胶软垫，垫在铁箍里，以免损伤树皮。其中较大的枝干选取两根钢管，呈"人"字形斜立于地面。在选好的支撑杆地面固定点处做钢筋地铆加混凝土桩。枝干立好后，电焊链接。

（6）树皮重塑

①修整聚氨酯发泡剂填充后过多的部分，并使其形成一定的弧度，与原树干契合。树干填充部位

图 6-14 香樟古树复壮前　　　　　　　　　　　　图 6-15 香樟古树细部

图 6-16 树洞杀菌消毒　　　　　图 6-17 钢筋支架　　　　　图 6-18 支架浇筑

的高度低于周围树皮2~3cm。

②在硅胶仿真树皮背面涂抹专用的黏合剂，由下向上，逐张粘贴。

③待树皮黏合牢固后，用黏合剂填补缝隙及仿真树皮连接处。

（7）支撑柱美化

在仿真树皮背面涂抹专用的黏合剂，贴合后，用铁丝固定，接口处用钉书针固定后再用黏合剂封边。待黏合剂凝固后，拆除铁丝。

图6-19 利用铁丝网加固树身

图6-20 利用三合板加固树身

图6-21 聚氨酯

图6-22 药剂搅拌

图6-23 药剂搅拌

图 6-24 分段填补

图 6-25 填补后效果

图 6-26 古树周边土壤改良

图 6-27 古树支撑

图 6-28 修整填充的树干

图 6-29 仿真树皮

图 6-30 专用黏合剂

图 6-31 仿真树皮背面涂黏合剂

图 6-32 粘贴仿真树皮

图 6-33 树皮重塑效果

图 6-34 支撑柱美化

图 6-35 保护复壮后效果

# 07

# 杭州西湖
# 主要古树名木

杭州西湖风景名胜区内古树名木众多，现对涉及的65种树种进行逐一介绍，并对具有重要纪念意义的古树名木，如象征中美友谊的北美红杉；年代久远的唐樟、宋樟；别有意趣的楸树、常春油麻藤等进行重点介绍。

# ①① 香樟

科 属 樟科樟属　学 名 *Cinnamomum camphora*

【形态特征】常绿大乔木，高可达30m，树皮有不规则纵裂，叶卵状椭圆形，长5~8cm，薄革质，离基三出脉，脉腋有腺体，背面灰绿色，无毛，果球形，径约5mm，熟时紫黑色。花期4~5月，果期8~11月。

【生态习性】亚热带常绿阔叶树种。主要分布于长江以南，尤以台湾、福建、江西、湖南、四川等地栽培较多。性喜温暖湿润的气候条件，不耐寒。适生于年平均温度16~17℃以上，绝对低温-7℃以上地域。对土壤要求不严，喜深厚肥沃的黏壤土、砂壤土及酸性土、中性土，在含盐量0.2%以下的盐碱土内亦可生长。

【应用价值】树形雄伟壮观，四季常绿，树冠开展，枝叶繁茂，浓荫覆地，枝叶秀丽而有香气，是作为行道树、庭荫树、风景林、防风林和隔音林带的优良树种。对氯气、二氧化碳、氟等有毒气体的抗性较强，也是工厂绿化的好材料。枝叶破裂后散发香气，对蚊、虫有一定的驱除作用，生长季节病虫害少，又是重要的环保树种。

【资源分布】杭州西湖风景名胜区范围内古树以香樟数量分布最多，共有344棵，占名胜区古树总量的44.3%。其中，树龄达500年以上的古香樟有45棵，千年古香樟有2棵，比较著名的有分布于法相寺的唐樟和宋樟。

【唐　樟】树龄1050年，树高19m，胸围715cm，平均冠幅14m，位于法相寺山脚林旁。

【宋　樟】树龄1000年，树高17m，胸围513cm，平均冠幅13m，位于原法相寺后山坡山脊竹林中。

【趣闻轶事】香樟是杭州市树，其木材质地良好，有特殊的香味，不易生虫，是做家具的上好材料。在老杭州民间风俗，每当家里生了女儿，便要

法相古樟，树龄已有1050年

吴山"宋樟"，树龄 730 年

在地里种上几株香樟。待女儿长大，香樟也成材。这时候就可以砍下香樟，为女儿置办木质家具，作为嫁妆。

法相古樟是杭州地区现存有记载的最"高龄"的香樟，已经有1050岁。树高21.6m，冠幅15m，气势宏伟，粗大的树干分为两杈，朝南的已成空洞，而朝北的依然生机勃勃。千年古樟历经了千年的历史，阅尽了人世的变迁，似乎也像人进入暮年一般，弯腰垂背，备显沧桑，如今由金属支架支撑着，宛如一位老者拄着拐杖，伫立在山间。树前的石碑上刻有"唐樟"二字，树旁原有樟亭，为晚清著名诗人陈三立等人所建。2003年刻陈三立《樟亭记》碑，以资纪念。

在西湖第一峰的吴山天风上，也拥有着数量众多的古香樟。宋仁宗嘉祐二年（1057），梅挚任杭州太守，仁宗《赐梅挚知杭州》诗中曰："地有吴山美，东南第一州"。梅挚感激天子赐诗，在吴山建"有美堂"，并请欧阳修写《有美堂记》。文中有"独所谓有美堂者，山水登临之美，人物邑居之繁，一寓目而尽得之。盖钱塘兼天下之美，而斯堂者又尽得钱塘之美焉"的赞文。如今，有美堂早已在战火中被摧毁，后又在有美堂遗址上建茗香楼，2006年在茗香楼前建"有美堂记"碑，以为纪念。茗香楼的西面有一株古樟，这便是吴山"宋樟"，树龄750年，为一级古树。其树干高大，枝叶茂盛，树身需三四人牵手才能合抱。茗香楼周围还有3株树龄730年的古樟。在"有美堂记"碑下方，由东至西，并排有3株古樟，树龄都是430年。

岳王庙，位于西湖栖霞岭南麓，始建于南宋嘉定十四年，是为纪念著名民族英雄岳飞所建。历经元、明、清、民国，至今已经800年。在岳王庙内古木参天，其中古香樟有5株，树龄一株110年、一株150年、两株500年、一株600年。这几株古香樟，默默地陪伴着岳飞，历经沧海桑田。

岳王庙内的古樟树，树龄110年

岳王庙内的古樟树，树龄 600 年

灵隐寺主要以天王殿、大雄宝殿、药师殿、法堂、华严殿为中轴线，在中轴线最高的宫殿便是华严殿。华严殿内供奉有3尊庄严雄伟的佛像，中间是毗卢遮那佛，左边是大智文殊菩萨，右边是大行普贤菩萨，三者都是华严世界里的圣人，称"华严三圣"。而在华严殿的西南侧，有一株树龄800年的古香樟树。这株古树高26.2m，冠幅24m。枝繁叶茂，居高临下，俯瞰整座寺庙，日夜守护陪伴着"华严三圣"。

云栖竹径，古树参天，溪水潺潺，竹林丰茂，老一辈国家领导人陈云同志十分喜欢此地，每到杭州必来此地休憩。1987年4月4日，陈云同志在云栖景区亲手栽下了三株香樟树。1998年这三株香樟被确定为杭州市古树名木。2004年，陈云同志家人将当年陈云同志在云栖亲手种植的其中一株香樟带着杭州人民的眷恋和爱戴，移植到了上海陈云故居。

华严殿西南侧的古樟，树龄 800 年

陈云同志在云栖景区亲手栽下的香樟树，树龄 35 年

# 02 北美红杉

科 属 杉科北美红杉属　　学 名 *Sequoia sempervirens*

【形态特征】常绿乔木，在原产地可高达110m，胸径可达8m；树皮红褐色，纵裂，厚达15～25cm。主枝之叶卵状矩圆形，长约6mm；侧枝之叶条形，长8～20mm，先端急尖。雄球花卵形，长1.5～2mm。球果卵状椭圆形或卵圆形，淡红褐色；种鳞盾形，顶部有凹槽，中央有一小尖头；种子椭圆状矩圆形，淡褐色，两侧有翅。

【生态习性】原产美国加利福尼亚州海岸。我国四川、云南、贵州、上海、浙江（杭州）、江苏（南京）、福建等地均有引种栽培。适合温暖到温凉，夏无酷暑、冬无严寒，湿润到半湿润多雾、阳光充足的环境。年均温12～18℃，绝对最高气温不高于38℃，绝对最低气温不低于-9℃。最适宜的土壤为土层深厚、肥沃、湿润、排水良好的微酸性黄红壤或红壤。

【应用价值】树干通直圆满，加工性能好，耐腐能力强，胶合性和油漆性佳；少有病虫害，木材用途广，为主要的建筑、家具、船舶、箱板、桶材、纸浆林、胶合板等用材。树体高大、四季常绿，适用于湖畔、水边、草坪中孤植或群植，景观秀丽，也可沿园路两边列植，是世界园林观赏树种。因其树形高大，寿命极长，故被称为"世界爷"，是世界大径级速生用材树种。

【生长状况】树龄50年，树高20m，胸围1.2m，平均冠幅5m。

【资源分布】目前有1株，位于杭州植物园友谊园内。

【趣闻轶事】1972年，美国前总统尼克松访华时赠送给我国政府一株北美红杉，经周恩来总理提议，种植于杭州植物园。

经过杭州植物园众多科技工作者多年的努力，目前已成功将北美红杉进行扩繁，并将繁殖苗木推广到全国18个省（自治区、直辖市），使其成为中美友谊的历史见证。

2013年是尼克松诞辰100周年，同年5月7日，尼克松的外孙克里斯托弗·尼克松·考克斯率领美国尼克松基金会代表团42人访问杭州，在杭州植物园分类区的北美红杉旁，又种植了两棵南方红豆杉，象征中美友谊代代相传、万古长青。

美国前总统尼克松访华时赠送给我国的北美红杉

# (03) 银 杏

科 属 银杏科银杏属　学 名 *Ginkgo biloba*

【形态特征】银杏为落叶大乔木。4月开花，果实10月成熟，果实具长梗，下垂，常为椭圆形、长倒卵形、卵圆形或近圆球形。外种皮肉质，被白粉，熟时黄色或橙黄色。

【生态习性】银杏为中生代孑遗的稀有树种，系我国特产，仅浙江天目山有野生状态的树木，生于海拔500～1000m、酸性（pH5～5.5）黄壤、排水良好地带的天然林中，常与柳杉、榧树、蓝果树等针阔叶树种混生，生长旺盛。银杏的栽培区甚广：北自东北沈阳，南达广州，东起华东海拔40～1000m地带，西南至贵州、云南西部（腾冲）海拔2000m以下地带均有栽培。

【应用价值】银杏为珍贵的用材树种，边材淡黄色，心材淡黄褐色，结构细，质轻软，富弹性，易加工，有光泽，比重0.45～0.48，不易开裂，不反挠，为优良木材，供建筑、家具、室内装饰、雕刻、绘图版等用。种子供食用及药用。叶可作药用和制杀虫剂，亦可作肥料。种子的肉质外种皮含白果酸、白果醇及白果酚，有毒。树皮含单宁。银杏树形优美，春夏季叶色嫩绿，秋季变成黄色，颇为美观，可作庭园树及行道树。

【资源分布】杭州西湖风景名胜区范围内有银杏古树32株。其中树龄500年以上的古银杏有6株，千年古银杏有1株，最著名的是位于五云山大殿前的1410年树龄古银杏。

【趣闻轶事】说到西湖的银杏，就不得不提五云山顶那棵杭州最老的银杏。它是杭州西湖风景名胜区现存最古老的银杏树，树龄已经1410岁。被誉为"杭州第一古树"。

五云山，是西湖群山中的第三座大山，北接郎当岭，南濒钱塘江，东瞰九溪山谷，西邻云栖坞，海拔334.7m。相传山顶常有五色瑞云盘旋其上，经过时不会散去，因此得名。1955年，毛主席在登五云山时曾留下七绝一首："五云山上五云飞，远接群峰近拂堤。若问杭州何处好，此中听得野莺啼。"从云栖竹径出发，经过一个小时的攀登，就到了五云山顶。这棵老银杏，它静静地矗立在五云山顶，观西湖沧海桑田，看钱塘江潮起潮落。

这株老银杏历经磨难，曾多次遭到雷击和火烧。20世纪70年代，这株古银杏曾被闪电击中引燃树身，火光冲天，当时人们都认为它必死无疑。没想到，来年春天，它竟然长出了新芽。这次劫后重生，使人们越加珍爱这株古树，为了保护它，当地的管理部门在其树干周围立起了围栏。目前，这株银杏胸围10.18m；主干中空，可容纳两人并立；树高近24m，枝干遒劲，冠幅16.45m。

杭州第一古树，树龄 1410 年

# 04 七叶树

科 属 七叶树科七叶树属　学 名 *Aesculus chinensis*

【形态特征】落叶乔木，高可达25m，树皮深褐色或灰褐色，小枝圆柱形，黄褐色或灰褐色，有淡黄色的皮孔。冬芽大形，有树脂。掌状复叶，由5～7小叶组成，上面深绿色，无毛，下面除中肋及侧脉的基部嫩时有疏柔毛外，其余部分无毛。花序圆筒形，花序总轴有微柔毛，小花序常由5～10朵花组成，平斜向伸展，有微柔毛。花杂性，雄花与两性花同株，花萼管状钟形，花瓣4，白色，长圆倒卵形至长圆倒披针形。果实球形或倒卵圆形，黄褐色，无刺，具很密的斑点。种子常1～2粒发育，近于球形，栗褐色；种脐白色，约占种子体积的1/2。花期4～5月，果期10月。

【生态习性】河北南部、山西南部、河南北部、陕西南部均有栽培，仅秦岭有野生的分布。

【应用价值】七叶树种子可食用，但直接吃味道苦涩，需用碱水煮后方可食用，味如板栗。也可提取淀粉。木材细密可制造各种器具，种子可作药用，榨油可制造肥皂。七叶树树形优美，花大秀丽，果形奇特，是观叶、观花、观果不可多得的树种，为世界著名的观赏树种之一。

【资源分布】杭州西湖风景名胜区范围内有七叶树古树7株，其中500年树龄以上的一级古树有2株。

【趣闻轶事】灵隐寺是中外游客来杭州的必到景点之一，这座藏于深山的古寺至今已有约1700年的历史，是杭州最早的名刹。既然是千年名刹，自然是古树繁多，其中的一株七叶树在灵隐寺中已经有600年了。这株七叶树高达22m，胸围4.6m，冠幅14.55m。

七叶树，因其树叶似手掌多为7个叶片而得名。此树夏初开花，花如塔状，又像烛台，每到花开之时，如手掌般的叶子托起宝塔，又像供奉着烛台。四片淡白色的小花瓣尽情绽放，花蕊内7个橘红色的花蕊向外吐露芬芳，花瓣上泛起的黄色，使得小花更显俏丽，而远远望去，整个花串又白中泛紫，像是蒙上了一层薄薄的面纱。

七叶树自古和佛教颇有渊源：在印度王舍城有一岩窟，周围长满七叶树，因而这里又叫七叶岩、七叶窟、七叶园。此地是佛祖释迦牟尼的精舍。所谓精舍就是佛祖居住和说法布道的地方。在佛祖释迦牟尼涅槃后，他的弟子迦叶尊者于此地会五百贤圣，以阿难陀、优婆离、迦叶等为上首，结集经、律、论三藏，安居三月，完成佛所说法的结集，其意义重大。所以在佛教中七叶树又被称为佛树。

灵隐寺内的七叶树古树，树龄约600年

# 05 常春油麻藤

科 属 豆科油麻藤属　学 名 *Mucuna sempervirens*

【形态特征】常绿木质藤本，长可达25m。老茎直径超过30cm，树皮有皱纹，幼茎有纵棱和皮孔。羽状复叶具3小叶，叶长21～39cm；托叶脱落；叶柄长7～16.5cm；小叶纸质或革质，顶生小叶椭圆形、长圆形或卵状椭圆形，长8～15cm，宽3.5～6cm，基部稍楔形，侧生小叶极偏斜，长7～14cm，无毛；侧脉4～5对，在两面明显，下面凸起；小叶柄长4～8mm，膨大。

【生态习性】耐阴、喜光、喜湿暖湿润气候，适应性强，耐寒，耐干旱和瘠薄，对土壤要求不严，喜深厚、肥沃、排水良好、疏松的土壤。

【应用价值】茎藤药用，有活血去瘀、舒筋活络之效；茎皮可织草袋及制纸；块根可提取淀粉；种子可榨油。

【资源分布】杭州西湖风景名胜区范围内有常春油麻藤古树3株，其中2株位于吴山，1株位于虎跑烟霞洞，均为三级古树。

【趣闻轶事】吴山上有两株百年常春油麻藤，它们扎根在吴山西南面的四宜路上方，从吴山十二生肖石步行，10分钟左右可以到达。

吴山上的这两株常春油麻藤，树龄已经有150年，攀缘树高10m余，最粗的地方直径约70cm，藤蔓上下相连，牵延方圆近百米。藤蔓形态各异，有的弯曲似蛇，有的扭曲成绳索。

"清明雨涤景皆新，此处幽林最引人。远望玉帘垂野谷，近疑奇鸟聚虬根。"这首诗说的便是常春油麻藤。每年4～5月，常春油麻藤开花，花形酷似雀鸟，花托似禾雀头，有两块花瓣卷拢成翅状，正中的一瓣弯弓似雀背，两侧的花瓣似雀翼，底瓣后伸，似为尾巴，吊挂成串，犹如成群结队的"禾雀"整装待发。

关于常春油麻藤，另外还有一个有趣的传说：相传八仙之一的铁拐李云游民间，看见麻雀偷吃稻谷，农夫痛心疾首。他随手扯下一条山藤，使法术把麻雀捆住，一串串挂在树上，只准它们在青黄不接的清明前后飞出来。因此，每年清明前后，常春油麻藤花开。

2017年，杭州举办了"寻找最美古树"活动，吴山上的两株常春油麻藤也上了名册。

吴山上的两株常春油麻藤古树，树龄均为150年

# 06 枫香

科 属 金缕梅科枫香树属　学 名 *Liquidambar formosana*

【形态特征】落叶乔木，高可达30m，胸径最大可达1m，树皮灰褐色，方块状剥落；小枝干后灰色，被柔毛，略有皮孔；芽体卵形，长约1cm，略被微毛，鳞状苞片敷有树脂，干后棕黑色，有光泽。叶薄革质，阔卵形，掌状3裂，中央裂片较长，先端尾状渐尖；两侧裂片平展；基部心形；上面绿色，干后灰绿色，不发亮；下面有短柔毛，或变秃净仅在脉腋间有毛；掌状脉3~5条，在上下两面均显著，网脉明显可见；边缘有锯齿，齿尖有腺状突；叶柄长达11cm，常有短柔毛；托叶线形，游离，或略与叶柄连生，长1~1.4cm，红褐色，被毛，早落。

【生态习性】喜温暖湿润气候，性喜光，幼树稍耐阴，耐干旱瘠薄土壤，不耐水涝。多生于平地、村落附近，以及低山的次生林。在湿润肥沃而深厚的红黄壤土上生长良好。深根性，主根粗长，抗风力强，不耐移植及修剪。种子有隔年发芽的习性，不耐寒，黄河以北不能露地越冬。在海南岛常组成次生林的优势种，性耐火烧，萌生力极强。

【应用价值】树脂供药用，能解毒止痛，止血生肌；根、叶及果实亦入药，有祛风除湿、通络活血功效。木材稍坚硬，可制家具及贵重商品的装箱。

【资源分布】杭州西湖风景名胜区范围内有枫香古树75棵，占名胜区古树的9.6%，仅次于樟树。其中500年以上树龄的一级古树有11株，千年树龄以上的4株，这4株千年古枫香均位于云栖竹径景区。

【趣闻轶事】云栖坞是五云山南麓的一个小山坞，相传五云山顶飘来的五色云彩，常常飞集坞中，经久不散，云栖坞因而得名。此地远离市井，山深林密，溪流叮咚，修篁绕径，杭州人深爱这里幽静清凉的美景，1984年杭州评出"新西湖十景"，云栖竹径位列新西湖十景之首。

进入云栖，遇见的第一个亭子便是"洗心亭"，亭旁竹影婆娑，山泉幽咽，溪池清洌。洗心亭的南侧有一棵古枫香，树龄为1030年。树干挺直，姿态雄伟。

再往前走，有一座双碑亭，双碑亭又名回龙

洗心亭南侧的一棵古枫香，树龄1030年

亭，亭内原有康熙题"云栖"石碑。双碑亭旁有3棵古枫香，树龄均为1030年。其中最高最大的一棵高达44m，胸围将5m，需三人合抱，平均冠幅25m。为了更好地保护古树，当地管理部门为它们安装了石质围栏，并加强了病虫害防治。它们像亲密的三兄弟一样相依相伴，枝叶如盖，参天蔽日，在天空中连成一片，蔚为壮观。

双碑亭旁的三棵古枫香，树龄均为1030年

# 07 蜡梅

科 属 蜡梅科蜡梅属　学 名 *Chimonanthus praecox*

"七星古梅"

【形态特征】落叶灌木，高可达4m；幼枝四方形，老枝近圆柱形，灰褐色，无毛或被疏微毛，有皮孔；鳞芽通常着生于第二年生的枝条叶腋内，芽鳞片近圆形，覆瓦状排列，外面被短柔毛。叶纸质至近革质，卵圆形、椭圆形、宽椭圆形至卵状椭圆形，有时长圆状披针形，长5~25cm，宽2~8cm，顶端急尖至渐尖，有时具尾尖，基部急尖至圆形，除叶背脉上被疏微毛外余无毛。花着生于第二年生枝条叶腋内，先花后叶，芳香，直径2~4cm；花被片圆形、长圆形、倒卵形、椭圆形或匙形，长5~20mm，宽5~15mm，无毛，内部花被片比外部花被片短，基部有爪；雄蕊长4mm，花丝比花药长或等长，花药向内弯，无毛，药隔顶端短尖，退化雄蕊长3mm；心皮基部被疏硬毛，花柱长达子房3倍，基部被毛。果托近木质化，坛状或倒卵状椭圆形，长2~5cm，直径1~2.5cm，口部收缩，并具有钻状披针形的被毛附生物。花期11月至翌年3月，果期4~11月。

【生态习性】性喜阳光，但亦略耐阴，较耐寒，耐旱，有"旱不死的蜡梅"之说。对土质要求不严，但以排水良好的轻壤土为宜。

【应用价值】花芳香美丽，是园林绿化植物。根、叶可药用，理气止痛、散寒解毒，治跌打、腰痛、风湿麻木、风寒感冒、刀伤出血；花解暑生津，治心烦口渴、气郁胸闷；花蕾油治烫伤。花可提取蜡梅浸膏0.5%~0.6%；化学成分有苄醇、乙酸苄酯、芳樟醇、金合欢花醇、松油醇、吲哚等。

【资源分布】杭州西湖风景名胜区范围内有蜡梅古树10株，其中杭州植物园灵峰探梅景区有7株，北山路有2株，树龄最高的是位于龙井狮峰胡公庙内的820年树龄的"宋梅"。

【趣闻轶事】说起杭州西湖的赏梅圣地，就不得不提灵峰探梅景区。杭州灵峰在宋代以前被称为鹫峰。晋开运年间（944—946）吴越王在此建了鹫峰禅院。宋治平二年（1065）赐额"灵峰禅寺"。香火日盛，成为武林名刹。清道光年间，杭州的地方官中有一位固庆将军，他父亲镇守浙江时，重修过灵峰寺，他知道寺中山园田亩积久荒芜、苔藓封路，于是拨资给寺僧，让他们多多栽种蜡梅和梅树。史称"植梅百株"。两年后，梅树成林，固庆将军亲自撰文，历叙灵峰寺的兴衰以及种梅的经过，并刻成碑文，即《重修西湖北山灵峰寺碑记》。该碑即今"掬月亭"石碑。后寺院又几经兴衰，一度毁于大火。目前，灵峰探梅有7株古蜡梅，因其排列恰似北斗七星状，故而得名"七星古梅"。蜡梅花开香飘十里，花期和附近梅花相接近，所以灵峰历来有"二梅争艳"之说。

除了灵峰探梅之外，西湖景区还有一处的蜡梅闻名遐迩，这便是在龙井村胡公庙口的宋代古蜡梅。这株蜡梅为一级古树，树龄820年，树高5m，胸围2.3m，冠幅达到9.4m。古蜡梅旁立着刻有"宋梅"二字的石碑，周围有石栏杆围砌进行保护。在这株古蜡梅的南边还有一座依山坡而建的梅亭，与古蜡梅遥相呼应。到了寒冬腊月，古蜡梅边落叶边开花，花期长达3个月之久，金黄色的蜡梅傲霜斗雪，游客坐在梅亭赏梅，满园梅香沁人心脾。

龙井村胡公庙口的宋代古蜡梅，树龄820年

# 08 苦槠

科 属 壳斗科栲属　　学 名 *Castanopsis sclerophylla*

【形态特征】乔木，高5～10m，稀达15m，胸径30～50cm，树皮浅纵裂，片状剥落，小枝灰色，散生皮孔，当年生枝红褐色，略具棱，枝、叶均无毛。叶二列，叶片革质，长椭圆形、卵状椭圆形或兼有倒卵状椭圆形，长7～15cm，宽3～6cm，顶部渐尖或骤狭急尖，短尾状，基部近于圆或宽楔形，通常一侧略短且偏斜，叶缘在中部以上有锯齿状锐齿，很少兼有全缘叶，中脉在叶面至少下半段微凸起，上半段微凹陷，支脉明显或甚纤细，成长叶叶背淡银灰色；叶柄长1.5～2.5cm。花序轴无毛，雄穗状花序通常单穗腋生，雄蕊12～10枚；雌花序长达15cm。果序长8～15cm，壳斗有坚果1个，偶有2～3，圆球形或半圆球形，全包或包着坚果的大部分，径12～15mm，壳壁厚1mm以内，不规则瓣状爆裂，小苞片鳞片状，大部分退化并横向连生成脊肋状圆环，或仅基部连生，呈环带状突起，外壁被黄棕色微柔毛；坚果近圆球形，径10～14mm，顶部短尖，被短伏毛，果脐位于坚果的底部，宽7～9mm，子叶平凸，有涩味。花期4～5月，果当年10～11月成熟。

【生态习性】产长江以南五岭以北各地。见于海拔200～1000m丘陵或山坡疏或密林中，常与杉、樟混生，村边、路旁时有栽培。喜阳光充足，耐旱。

【资源分布】杭州西湖风景名胜区范围内有苦槠，共有31株，其中，树龄达500年以上的古苦槠有7株。

【应用价值】种仁（子叶）是制粉条和豆腐

西湖风景区最古老的苦槠群，树龄300～600年

的原料，制成的豆腐称为苦槠豆腐。环孔材，仅具细木射线，木材淡棕黄色，属白锥类，较密致，坚韧，富于弹性。

【资源分布】杭州西湖风景名胜区范围内有苦槠古树31株，其中树龄500年以上的有7株。大部分分布在云栖竹径、梅家坞等地。

【趣闻轶事】苦槠是常绿阔叶乔木，叶革质，木材坚硬，富弹性，用途广泛。根据《史记·五帝本纪》记载："舜南巡狩，崩于苍梧之野，葬于江南九嶷，是为零陵。" 中华民族的祖先舜帝，在他去世后，埋葬于零陵（今湖南永州市）。根据明代邓云霄《九嶷山记》和清代吴绳祖《九嶷山志》考证，先秦时期，初修舜帝陵时曾在陵墓前栽植两株苦槠树，到唐代时，这两株苦槠已成为"枝条连理翠，拥护圣神宫"的参天大树，因其世世代代守卫在舜帝身旁，故而苦槠又被人们称为"护陵将军树"。

最古老的单株苦槠是位于梅家坞村村口的800年树龄老苦槠。五代吴越王在云栖建寺，一梅姓人家便在寺外三里的坞内安家，后逐步扩大宗族村落称之为梅家坞，到了宋代以后，穿越梅家坞的十里琅珰已成为经商要道。当时梅家坞村相继迁入了翁、朱、孙、徐四姓家族，其中朱姓人家是从富阳鸡笼山一带迁来这里，村口的这株古苦槠树就是当年朱姓人家为纪念富阳祖先而种下。

苦槠的果实外表与板栗类似，内含有丰富的淀粉，经过浸水脱涩后可以制成苦槠粉，再进一步加工后便可制成苦槠豆腐、苦槠粉丝、苦槠糕等食品。在那个曾经物资匮乏的年代，每当苦槠果实掉落的季节，当地的村民就会陆陆续续围拢在老苦槠树下，捡拾苦槠子，做成苦槠豆腐。

苍老的苦槠树，默默地养育着一方百姓。涩涩的苦槠果实，混合着漫长时光中故土、乡亲、念旧、勤俭、坚韧等情绪，成为人们永恒的记忆。

梅家坞村的苦槠古树，树龄 800 年

# 09 无患子

科 属　无患子科无患子属　　学 名　*Sapindus mukorossi*

【形态特征】落叶大乔木，高可达20余米，树皮灰褐色或黑褐色；嫩枝绿色，无毛。叶连柄长25～45cm或更长，叶轴稍扁，上面两侧有直槽，无毛或被微柔毛；小叶5～8对，通常近对生，叶片薄纸质，长椭圆状披针形或稍呈镰形，长7～15cm或更长，宽2～5cm，顶端短尖或短渐尖，基部楔形，稍不对称，腹面有光泽，两面无毛或背面被微柔毛；侧脉纤细而密，15～17对，近平行；小叶柄长约5mm。花序顶生，圆锥形；花小，辐射对称，花梗常很短；萼片卵形或长圆状卵形，大的长约2mm，外面基部被疏柔毛；花瓣5，披针形，有长

爪，长约2.5mm，外面基部被长柔毛或近无毛，鳞片2个，小耳状；花盘碟状，无毛；雄蕊8，伸出，花丝长约3.5mm，中部以下密被长柔毛；子房无毛。果的发育分果爿近球形，直径2～2.5cm，橙黄色，干时变黑。花期春季，果期夏秋。

【生态习性】我国产东部、南部至西南部。各地寺庙、庭园和村边常见栽培。日本、朝鲜、中南半岛和印度等地也常栽培。

【应用价值】根和果入药，味苦微甘，有小毒，功能清热解毒、化痰止咳；果皮含有皂素，可代肥皂，尤宜于丝质品之洗濯；木材质软，边材黄白色，心材黄褐色，可做箱板和木梳等。

【资源分布】杭州西湖风景名胜区范围内有2株树龄在200年以上的无患子古树，分别位于孤山和灵隐景区。

【趣闻轶事】说起无患子，就不由得想起鲁迅先生的名篇《从百草园到三味书屋》："我家的后面有一个很大的园，相传叫作百草园……不必说碧绿的菜畦，光滑的石井栏，高大的皂荚树，紫红的桑椹；也不必说鸣蝉在树叶里长吟，肥胖的黄蜂伏在菜花上，轻捷的叫天子忽然从草间直窜向云霄里去了……"

鲁迅先生笔下"高大的皂荚树"，经过学者多方考证，并非是豆科皂荚属的皂荚树，而是属于无患子科无患子属的无患子树。因为皂荚树的果实长长扁扁像扁豆，而在百草园内的无患子却是结类似龙眼的小核果。

无患子因其果肉内含有皂素，在旧时，人们常用它作清洁剂，很多地方又叫它肥皂树。

灵隐房屋旁的无患子，树龄210年

岳庙管理处孤山净因亭东侧游步道边的无患子，树龄 200 年

# ⑩ 罗汉松

科 属 罗汉松科罗汉松属　学 名 *Podocarpus macrophyllus*

【形态特征】常绿针叶乔木，高可达20m，胸径可达60cm；树皮灰色或灰褐色，浅纵裂，呈薄片状脱落；枝开展或斜展，较密。叶螺旋状着生，条状披针形，微弯。雄球花穗状、腋生，基部有数枚三角状苞片；雌球花单生叶腋，有梗，基部有少数苞片。种子卵圆形，先端圆，熟时肉质假种皮紫黑色，有白粉，种托肉质圆柱形，红色或紫红色。花期4～5月，种子8～9月成熟。

【生态习性】罗汉松喜温暖湿润气候，生长适温15～28℃。耐寒性弱，耐阴性强。喜排水良好湿润之砂质壤土，对土壤适应性强，盐碱土上亦能生存。

【应用价值】材质细致均匀，易加工，可作家具、器具、文具及农具等用。

【资源分布】杭州西湖风景名胜区共有百年以上罗汉松古树8株，其中灵隐寺济公殿前一株罗汉松树龄达510年。

【趣闻轶事】罗汉松，因其果实成熟时宛如披着袈裟打坐参禅的罗汉，故而得名。

在佛教故事中，自古就有十八罗汉和五百罗汉之说，每个罗汉形态各异，各不相同。南宋年间，临安（今杭州）有一位鞋儿破，帽儿破，身上袈裟破，貌似疯癫的得道高僧济公和尚。他不受戒律拘束，嗜好酒肉，举止似痴若狂，为人却又行善积德，学识渊博，爱打抱不平。

相传济公诞生时正好碰上国清寺罗汉堂里的第十七尊罗汉（即降龙罗汉）突然倾倒，于是人们便把济公说成是降龙罗汉投胎。济公和尚弱冠时在国清寺出家，后又来到著名的千年古刹灵隐寺居住。

在植物界中，罗汉松因其种子形状宛如身披袈裟，座而打禅的罗汉，故而被称为"罗汉松"，又因罗汉松四季清翠，枝干苍劲古朴，所以被广泛种植与寺院之中。如今，在千年古刹灵隐寺济公殿前就有一株罗汉松古树，树龄以达到510年。

灵隐寺济公殿前的一株古罗汉松，树龄510年

# ⑪ 黄连木

科 属 漆树科黄连木属　学 名 *Pistacia chinensis*

【形态特征】落叶乔木，高可达20余米；树干扭曲，树皮暗褐色，呈鳞片状剥落，幼枝灰棕色，具细小皮孔，疏被微柔毛或近无毛。奇数羽状复叶互生，有小叶5~6对，叶轴具条纹，被微柔毛，叶柄上面平，被微柔毛；小叶对生或近对生，纸质，披针形或卵状披针形或线状披针形，长5~10cm，宽1.5~2.5cm，先端渐尖或长渐尖，基部偏斜，全缘，两面沿中脉和侧脉被卷曲微柔毛或近无毛，侧脉和细脉两面突起；小叶柄长1~2mm。花单性异株，先花后叶，圆锥花序腋生，雄花序排列紧密，长6~7cm，雌花序排列疏松，长15~20cm，均被微柔毛；花小，花梗长约1mm，被微柔毛；苞片披针形或狭披针形，内凹，长1.5~2mm，外面被微柔毛，边缘具睫毛；雄花：花被片2~4，披针形或线状披针形，大小不等，长1~1.5mm，边缘具睫毛；雄蕊3~5，花丝极短，长不到0.5mm，花药长圆形，大，长约2mm；雌蕊缺；雌花：花被片7~9，大小不等，长0.7~1.5mm，宽0.5~0.7mm，外面2~4片远较狭，披针形或线状披针形，外面被柔毛，边缘具睫毛，里面5片卵形或长圆形，外面无毛，边缘具睫毛；不育雄蕊缺；子房球形，无毛，径约0.5mm，花柱极短，柱头3，厚、肉质、红色。核果倒卵状球形，略压扁，径约5mm，成熟时紫红色，干后具纵向细条纹，先端细尖。

【应用价值】木材鲜黄色，可提黄色染料，材质坚硬致密，可供家具和细工用材。种子榨油可作润滑油或制皂。幼叶可充蔬菜，并可代茶。

【资源分布】杭州西湖风景名胜区现有11株百年以上树龄的黄连木。

【趣闻轶事】2015年，灵隐景区一株500多年树龄的黄连木被评选为"杭州十大珍稀古树"。该树高17.3m，胸围2.7m，冠幅17.15m。黄连木不仅珍稀，更是尊师重教的象征。

相传儒家创始人孔子有三千弟子，其中最贤达的有72人，这当中有个叫子贡的学生，被列为孔门十哲之一。他思维敏捷，善于雄辩，且办事通达，曾任鲁国、卫国的丞相。他还善于经商，是当时众多弟子中最有钱的人，后世尊他为财神。

孔子去世之后，子贡伤心欲绝，他从南方带回那边特有的树种楷树回到孔子老家曲阜，亲手将楷树种植于孔子的墓地旁，后来子贡为孔子守墓六年。日后这株楷树长成为参天大树，孔林之中现在还有"子贡手植楷"的碑文。子贡种下的楷树其实就是黄连木的别名。因人们赞美其树干疏而不曲，刚直挺拔，又叹服子贡高尚的尊师品德，所以黄连木历代被当做尊师重教的象征。

灵隐景区的黄连木古树，树龄 500 年

# ⑫ 珊瑚朴

**科 属** 榆科朴属　　**学 名** *Celtis julianae*

【形态特征】落叶乔木，高可达30m，树皮淡灰色至深灰色；当年生小枝、叶柄、果柄老后深褐色，密生褐黄色茸毛，去年生小枝色更深，毛常脱净，毛孔不十分明显；冬芽褐棕色，内鳞片有红棕色柔毛。叶厚纸质，宽卵形至尖卵状椭圆形，长6~12cm，宽3.5~8cm，基部近圆形或二侧稍不对称，一侧圆形，一侧宽楔形，先端具突然收缩的短渐尖至尾尖，叶面粗糙至稍粗糙，叶背密生短柔毛，近全缘至上部以上具浅钝齿；叶柄长7~15mm，较粗壮；萌发枝上的叶面具短糙毛，叶背在短柔毛中也夹有短糙毛。果单生叶腋，果梗粗壮，长1~3cm，果椭圆形至近球形，长10~12mm，金黄色至橙黄色；核乳白色，倒卵形至倒宽卵形，长7~9mm，上部有二条较明显的肋，两侧或仅下部稍压扁，基部尖至略钝，表面略有网孔状凹陷。花期3~4月，果期9~10月。

【应用价值】珊瑚朴可供家具、农具、建筑、薪炭用材；其树皮含纤维，可作人造棉、造纸等原料；果核可榨油，供制皂、润滑油用。

【资源分布】杭州西湖风景名胜区共有44株百年以上珊瑚朴，其中一级古树有1株，为吴山景区药王庙附近的一株530年树龄的珊瑚朴。

【趣闻轶事】杭州西湖风景名胜区最古老的便是吴山药王庙北路边的树龄530年珊瑚朴。

在药王庙路旁的这株古珊瑚朴，种植于明代，树龄为530年，树高7.5m，胸围2.6m，冠幅6.9m。珊瑚朴是杭州常见树种，根据古典记载，珊瑚朴的根、皮、嫩叶都可入药，有消肿止痛、解毒去热的功效，常用来治疗烫伤、腰痛、漆疮等疾病。珊瑚朴的叶还可以用来制作土制农药，用来杀灭红蜘蛛等害虫。

吴山药王庙北路边 530 年的珊瑚朴

吴山药王庙北路边的珊瑚朴，树龄 530 年

# ⑬ 楸 树

科 属 紫葳科梓属　　学 名 *Catalpa bungei*

【形态特征】高8~12m。叶三角状卵形或卵状长圆形，宽可达8cm，顶端长渐尖，基部截形、阔楔形或心形，叶面深绿色，叶背无毛；叶柄长2~8cm。顶生伞房状总状花序，有花2~12朵。花萼蕾时圆球形，顶端有尖齿。花冠淡红色，内面具有2黄色条纹及暗紫色斑点。蒴果线形。种子狭长椭圆形，长约1cm，宽约2cm，两端生长毛。花期5~6月，果期6~10月。

【应用价值】木材坚硬，为良好的建筑用材，可栽培作观赏树、行道树，用根蘖繁殖。花可炒食，叶可喂猪。茎皮、叶、种子入药。

【资源分布】杭州西湖风景名胜区目前有楸树古树6株，其中2株树龄达530年。

【趣闻轶事】楸树为紫葳科梓属，属落叶乔木，枝叶浓密，花大而美丽，素有"木王"之称。因其树干挺直，形态优美而为人喜爱，众多古籍中都对楸树赞颂不已。《埤雅》记载："楸，美木也，茎干乔耸凌云，高华可爱。"唐代诗人韩愈曾写诗赞道："几岁生成为大树？一朝缠绕困长藤。谁人与脱青罗帔，看吐高花万万层。"

楸树全身是宝，除了具有较高的观赏价值外，它的身上还有许多价值。楸材用途广泛，在中国被列为重要材种，专门用来加工高档商品和特种产品，如船舶、建筑用材、高档家具等。同时，楸树的药用价值也不容忽视。其树皮、根皮有清热解毒、散瘀消肿的医用效果，茎、皮、叶、种子皆可入药，嫩叶可食，花可炒菜或提炼芳香油。楸树拥有这些数不尽的价值，因此在民间才久久流传着这样一句谚语：千年柏、万年杉，不如楸树一枝桠。

在杭州西湖风景名胜区，最有名的楸树便是位于吴山中兴东岳庙内的两株530年树龄古楸树了。在东岳庙山门前像一对比翼鸟，一左一右守护在殿堂前。这两株古楸树，高大挺拔，姿态俊美。每当四月花期时，古树就开出粉红色的花朵。繁花似锦，随风飘曳，令人赏心悦目。它们在2015年被评选为"杭州市最美古树"之一。

吴山中兴东岳庙内的两株古楸树，树龄530年

# 14 大叶冬青

科 属 冬青科冬青属　学 名 *Ilex latifolia* Thunb.

【形态特征】常 绿 大 乔木，叶片厚革质，长圆形或卵状长圆形，由聚伞花序组成的假圆锥花序生于二年生枝的叶腋内，无总梗；花淡黄绿色，果球形，成熟时红色，花期4月，果期9～10月。

【应用价值】可入药，木材可作细工原料；树皮可提栲胶；亦可作园林绿化树种。

【资源分布】杭 州 西 湖 风景名胜区目前有大叶冬青名木1株，位于凤凰山玉皇山顶，树龄为70年。

【趣闻轶事】杭 州 玉 皇 山顶天一池南侧的大叶冬青，虽然树龄不足百年，却因其品种稀有，故被列为名木之一。

这株大叶冬青树形优美，枝叶繁茂，四季常青。一年中，叶、花、果颜色变化丰富。新叶青绿色，老叶墨绿有光泽。花簇生呈金黄色。果实橘红色，十分美观，有着极高的观赏价值。

同时，大叶冬青内含有多种有益于人体保健的物质，是制作苦丁茶的重要原料。医学研究表明，用大叶冬青制成的苦丁茶有清热解毒、消炎杀菌、健胃消积等功效。

玉皇山顶的大叶冬青，树龄70年

# ⑮ 龙柏

科 属 柏科圆柏属　学 名 *Sabina chinensis* 'Kaizuca'

【形态特征】树冠圆柱状或柱状塔形；枝条向上直展，常有扭转上升之势，小枝密，在枝端呈几相等长之密簇；鳞叶排列紧密，幼嫩时淡黄绿色，后呈翠绿色；球果蓝色，微被白粉。

【应用价值】龙柏树形除自然生长成圆锥形外，也有的将其攀揉蟠扎成龙、马、狮、象等动物形象，也有的修剪成圆球形、鼓形、半球形，单植或列植、群植于庭园，更有的栽植成绿篱，经整形修剪成平直的圆脊形，可表现其低矮、丰满、细致、精细。龙柏侧枝扭曲螺旋状抱干而生，别具一格，观赏价值很高。

【资源分布】杭州西湖风景名胜区目前有龙柏古树4株。

【趣闻轶事】在杭州吴山景区，有一组非常奇特的岩石，形状起伏玲珑，从特定的角度看，局部分别像牛、龙、虎、兔、猴等十二生肖。这便是百姓俗称的十二生肖石。而在这十二生肖石边上，有一株杭州最古老最珍贵的龙柏树。树龄长达630年，为一级古树。其树姿宛如虬龙蟠舞，生动优美。因其年老，树身已部分中空，当地的管理部门为这株古树加装了包树箍和支撑。远远观望这株龙柏树像一位暮年老者，而膝下的十二生肖石又仿佛是他的满堂儿孙。

十二生肖石边上的一株杭州最古老最珍贵的龙柏树，树龄 630 年

# 16 玉兰

科 属 木兰科木兰属　学 名 *Magnolia denudata*

【形态特征】落叶乔木，高可达25m，胸径可达1m，枝广展形成宽阔的树冠；树皮深灰色，粗糙开裂；小枝稍粗壮，灰褐色；冬芽及花梗密被淡灰黄色长绢毛。叶纸质，倒卵形、宽倒卵形或倒卵状椭圆形，基部徒长枝叶椭圆形，长10～15（18）cm，宽6～10（12）cm，先端宽圆、平截或稍凹，具短突尖，中部以下渐狭成楔形，叶上深绿色，嫩时被柔毛，后仅中脉及侧脉留有柔毛，下面淡绿色，沿脉上被柔毛，侧脉每边8～10条，网脉明显；叶柄长1～2.5cm，被柔毛，上面具狭纵沟；托叶痕为叶柄长的1/4～1/3。

【应用价值】材质优良，纹理直，结构细，供家具、图板、细木工等用；花蕾入药与"辛夷"功效同；花含芳香油，可提取配制香精或制浸膏；花被片食用或用以熏茶；种子榨油供工业用。早春白花满树，艳丽芳香，为驰名中外的庭园观赏树种。

【资源分布】杭州西湖风景名胜区目前有玉兰古树1株，位于上天竺法喜寺内，树龄500年，为一级古树。

【趣闻轶事】上天竺法喜寺建于五代吴越王时期，距今已有1000年以上的历史。寺庙内有一株古玉兰树，树龄已500年，叶茂花盛，树身挺拔，被景区列为重点保护的古树名木。

玉兰在中国栽培历史悠久，古时以其花苞入药而通称为"辛夷"，又因其花苞形如笔头，故又有"木笔"之别称，还因其花期较早，素有"迎春花""望春花"之俗名。

上天竺法喜寺内的一株古玉兰树，树龄500年

上天竺法喜寺内的一株古玉兰树，树龄 500 年

# 17 朴 树

科 属 榆科朴属　学 名 *Celtis sinensis*

【形态特征】落叶乔木，高可达20m。树皮平滑，灰色。一年生枝被密毛。叶互生，革质，宽卵形至狭卵形，长3~10cm，宽1.5~4cm。花杂性（两性花和单性花同株），1~3朵生于当年枝的叶腋。核果单生或2个并生，近球形，熟时红褐色，果核有穴和突肋。

【应用价值】朴树可作行道树，对二氧化硫、氯气等有毒气体的抗性强；茎皮为造纸和人造棉原料；果实榨油作润滑油；木材坚硬，可供工业用材；根、皮、叶入药有消肿止痛、解毒止热的功效，外敷治水火烫伤；叶制土农药，可杀红蜘蛛。

【资源分布】目前整个杭州西湖风景名胜区有树龄百年以上朴树16株，其中树龄最长的一株是柳浪闻莺丁鹤年墓边的朴树，树龄达400年。

【趣闻轶事】柳浪闻莺位于西湖景区东南岸，属西湖十景之一，是一座鸟语花香、绿柳成荫、芳草碧绿的全天候开放的亲民公园。

在柳浪闻莺内，有一处丁鹤年墓亭。丁鹤年是元末明初著名的诗人和养生家，他创办了老字号"鹤年堂"，又写下了诗篇《丁鹤年集》。

他是一位著名孝子，被誉为明初十大孝子之一。在他73岁高龄时开始为其母守灵长达17年，直到他90岁去世。在他去世后，被埋葬在风景如画的柳浪闻莺公园内。

而在他的墓亭边，有一株树龄400年的古朴树，这株朴树，树高10m，胸围2.9m，冠幅12.5m，属于二级古树。枝繁叶茂，古朴苍劲，映衬着墓亭久远的历史。

在中华人民共和国成立前，因为各种破坏，历史悠久的柳浪闻莺公园，只剩下一座牌坊、一块景名碑石、一座石亭和那一株老朴树。随着新中国的建立，柳浪闻莺公园经过长达70年的整治改造，又逐步恢复到了它原本的面貌。

而丁鹤年墓亭旁的这株老朴树正是柳浪闻莺公园沧海桑田、历史变迁的完美见证者。

丁鹤年墓亭边的一株古朴树，树龄 400 年

# 18 槐 树

科 属 豆科槐属　学 名 *Styphnolobium japonicum*

【形态特征】圆锥花序顶生，常呈金字塔形，长达30cm；花梗比花萼短；小苞片2枚，形似小托叶；花萼浅钟状，长约4mm，萼齿5，近等大，圆形或钝三角形，被灰白色短柔毛，萼管近无毛；花冠白色或淡黄色，旗瓣近圆形，长和宽约11mm，具短柄，有紫色脉纹，先端微缺，基部浅心形，翼瓣卵状长圆形，长10mm，宽4mm，先端浑圆，基部斜戟形，无皱褶，龙骨瓣阔卵状长圆形，与翼瓣等长，宽达6mm；雄蕊近分离，宿存；子房近无毛。荚果串珠状，长2.5~5cm或稍长，径约10mm，种子间缢缩不明显，种子排列较紧密，具肉质果皮，成熟后不开裂，具种子1~6粒；种子卵球形，淡黄绿色，干后黑褐色。花期6~7月，果期8~10月。

【应用价值】树形高大，其羽状复叶和刺槐相似。花为淡黄色，可烹调食用，也可作中药或染料。未开槐花俗称"槐米"，是一种中药。花期在夏末，和其他树种花期不同，是一种重要的蜜源植物。花和荚果入药，有清凉收敛、止血降压作用；叶和根皮有清热解毒作用，可治疗疮毒；木材供建筑用。种仁含淀粉，可供酿酒或作糊料、饲料。皮、枝叶、花蕾、花及种子均可入药。

【资源分布】目前杭州西湖风景名胜区有百年以上槐树12株，分布在云栖、吴山景区等地。

【趣闻轶事】槐树，在我国古代文化中享有崇高的地位，是所有植物中"职位"最高的树。槐树早在周代已成为朝廷最高官"三公"的象征。据《周礼·秋官司寇·朝士》记载："朝士掌建邦外朝之法，左九棘，孤、卿、大夫位焉，群士在其后。右九棘，公、侯、伯、子、男位焉，群吏在其后。面三槐，三公位焉，……"

唐代开始，科举考试关乎读书士子的功名利禄、荣华富贵，能借此阶梯而上，博得三公之位，是他们的最高理想。因此，常以槐树指代科考，考试的年头称槐秋，举子赴考称踏槐，考试的月份称槐黄。

在杭州西湖风景名胜区，槐树的分布十分广泛，其中树龄最大、最有名的就要属云栖竹径遇雨亭边的420年树龄老槐树了。据测量，这株老槐树为二级古树，树高25m，胸围2.8m，东西冠幅21m，南北冠幅13m。

云栖竹径遇雨亭边的老槐树，树龄420年

云栖竹径遇雨亭边的老槐树，树龄 420 年

# 19 桂花

科 属 木樨科木樨属　　学 名 *Osmanthus fragrans*

【形态特征】桂花是中国木樨属众多树木的习称，代表物种木樨（学名：*Osmanthus fragrans*（Thunb.）Lour.），又名岩桂，系木樨科常绿灌木或小乔木，质坚皮薄，叶长椭圆形，先端尖，对生，经冬不凋。花生叶腋间，花冠合瓣4裂，形小，其园艺品种繁多，最具代表性的有金桂、银桂、丹桂、四季桂等。

【应用价值】桂花是中国传统十大名花之一，是集绿化、美化、香化于一体的观赏与实用兼备的优良园林树种，桂花清可绝尘，浓能远溢，堪称一绝。尤其是仲秋时节，丛桂怒放，夜静轮圆之际，把酒赏桂，陈香扑鼻，令人神清气爽。在中国古代的咏花诗词中，咏桂之作的数量也颇为可观。自古就深受中国人民的喜爱，被视为传统名花。

【资源分布】目前杭州西湖风景名胜区百年以上桂花有20株，其中200年以上有5株。

【趣闻轶事】据文字记载，中国栽培桂花的历史达2500年以上。春秋战国时期的《山海经·南山经》就记载"招摇之山多桂"；屈原的《九歌》提到"援北斗兮酌桂浆，辛夷车兮结桂旗"；《吕氏春秋》中盛赞："物之美者，招摇之桂"。由此可见，自古以来，桂花就深受人们的喜爱。

在杭州，桂花历来被文人墨客所推崇，唐代诗人宋之问的诗篇《灵隐寺》有"桂子月中落，天香云外飘"的名句。另一位唐代诗人，杭州的"老市长"白居易在他晚年回忆江南的美好生活时，就写有《忆江南》："山寺月中寻桂子，郡亭枕上看潮头，何日更重游。"可见白居易把"寻桂子"当成人生的一桩乐事。

到了宋代，桂花已在杭城大面积种植，《杭州府志》记载：宋仁宗天圣丁卯（1027）秋，八月十五夜，月明天净，杭州灵隐寺月桂子降，其繁如雨、其大如豆、其圆如珠。识者曰：此月中桂子也。拾以进呈寺僧。好事者播种林下一种即活。种之得二十五株。

桂花一直深受杭城市民的喜爱，1983年7月，杭州市政府发起票选杭州市树、市花活动。最终桂花以高票当选为杭州市市花。

明代文学家高濂的笔记《四时幽赏录》中有记载："桂花最盛处唯南山，龙井为多，而地名满家弄者，其林若墉若栉。"可见从明代以来，西湖景区南部的南山、龙井、满觉陇等地就普遍栽有桂花。

其他百年桂花古树，大多分布在西湖景区北面，中山公园有5株，孤山2株，北山路葛岭1株。在清代，孤山、中山公园一带，原是康熙、乾隆皇帝下江南时所居住的行宫，其中孤山南麓文澜阁内的两株古桂花树龄已达250年，以此推算，恰是乾隆下江南时期所种植。

中山公园六角亭旁的古桂花树，树龄 100 年

# ㉑ 紫藤

科 属 豆科紫藤属　学 名 *Wisteria sinensis*

【形态特征】一种落叶攀缘缠绕性大藤本植物。干皮深灰色，不裂；春季开花，蝶形花冠，花紫色或深紫色，十分美丽。

【应用价值】紫藤为长寿树种，民间极喜种植，成年的植株茎蔓蜿蜒屈曲，开花繁多，串串花序悬挂于绿叶藤蔓之间，瘦长的荚果迎风摇曳，自古以来中国文人皆爱以其为题材咏诗作画。在庭院中用其攀绕棚架，制成花廊，或用其攀绕枯木，有枯木逢生之意。还可做成姿态优美的悬崖式盆景，置于高几架、书柜顶上，繁花满树，老桩横斜，别有韵致。

【资源分布】目前，杭州西湖风景名胜区共有百年紫藤古树5株，全都位于北山街镜湖厅附近。

【趣闻轶事】自古以来中国文人皆爱以其为题

北山街镜湖厅旁的紫藤古树，有4株树龄为210年，1株230年

材咏诗作画。最早的关于紫藤的诗便是李白："紫藤挂云木，花蔓宜阳春。密叶隐歌鸟，香风留美人。"

镜湖厅，位于西泠桥和新新饭店之间，南面朝西湖，北面接北山街。原为纪念民族英雄秋瑾所建。

镜湖厅的这5株紫藤，有4株树龄为210年，1株树龄为230年。每当仲春时节，苍老的古藤在长长的花架长廊上蜿蜒屈曲，一串串硕大的花穗垂挂枝头，紫花烂漫，摇曳生姿，远处遥望，似若蝴蝶翩飞。

北山街镜湖厅旁的紫藤古树，有4株树龄为210年，1株树龄为230年

# ㉑ 浙江楠

科 属 樟科楠属　学 名 *Phoebe chekiangensis*

【形态特征】大乔木，树干通直，高可达20m，胸径可达50cm；树皮淡褐黄色，薄片状脱落，具明显的褐色皮孔。小枝有棱，密被黄褐色或灰黑色柔毛或茸毛。叶革质，倒卵状椭圆形或倒卵状披针形，少为披针形，长7~17cm，宽3~7cm，通常长8~13cm，宽3.5~5cm，先端突渐尖或长渐尖，基部楔形或近圆形，上面初时有毛，后变无毛或完全无毛，下面被灰褐色柔毛，脉上被长柔毛，中、侧脉上面下陷，侧脉每边8~10条，横脉及小脉多而密，下面明显；叶柄长1~1.5cm，密被黄褐色茸毛或柔毛。圆锥花序长5~10cm，密被黄褐色茸毛；花长约4mm，花梗长2~3mm；花被片卵形，两面被毛，第一、二轮花丝疏被灰白色长柔毛，第三轮密被灰白色长柔毛，退化雄蕊箭头形，被毛；子房卵形，无毛，花柱细，直或弯，柱头盘状。

【应用价值】浙江楠是中国特有珍稀树种。木材坚韧，结构致密，具光泽和香气，是楠木类中材质较优的一种。主干挺直，树冠整齐，枝叶繁茂，又是优良园林绿化树种。分布在杭州云栖一带的浙江楠，已划入国家重点风景保护区范围，严禁砍伐。

【资源分布】目前杭州西湖风景名胜区有浙江楠古树14株，全部位于云栖竹径。

【名人轶事】西汉思想家陆贾在其著作《新语资质》一文中提到："夫楩柟豫章，天下之名木也"。其中的天下名木"柟"便是指楠木。

在浙江，有一种楠木被命名为"浙江楠"，是少数用"浙江"来命名的树种之一。20世纪60年代，由植物分类学家向其柏教授在浙江天目山、龙塘山首次发现并定名。

浙江楠因其木材纹理清晰，坚韧致密，刨面光泽亮丽、清香淡雅，自古便被人们用来建造宫殿、寺庙等建筑。具有非常重要的文化价值。

北京故宫，也称紫禁城，始建于明代永乐年间。是世界上规模最大、保存最完整的皇宫建筑群，共有宫殿70多座，房间9000余间，而这些建筑的主要建材便是楠木。根据《明史》记载："（永乐四年）秋闰月壬戌，诏以明年五月建北京宫殿，分遣大臣采木于四川、湖广、江西、浙江、山西。"其中在浙江收集的木材便大多是浙江楠。

浙江楠生长在浙江的原始森林中，从浙江到北京路程长达几千公里，同时故宫所需楠木尺寸硕大，最大的直径可达2m。如此巨木，却生长在深山险要之处，运输非常困难。它们是如何从深山老林中被运送到北京的呢？

原来，当浙江楠被砍伐后，木料便被工人们运输到山沟，编成木筏，等到雨季山洪暴发时，再将木筏冲入洪水中，经过富春江，最后汇聚到京杭大运河内，顺流而上前往京城。就这样浙江楠的原木便源源不断地从浙江漂流到了北京。整个过程可以长达两到三年。

意大利传教士利玛窦于明代万历年间来中国，在《利玛窦中国札记》中描述了故宫宫殿建筑修缮所需木材的运输方式："经由（京杭）运河进入皇城，他们为皇宫建筑运来了大量木材，如大梁、高柱、平板。神父们一路看到把梁木捆在一起的巨大木排和满载木材的船，由数以千计的人们非常吃力地拉着沿岸跋涉。"

浙江楠生长缓慢，木材珍贵，经过历史上人们的长期砍伐，到了现代，种群数量日渐减少。1999年8月4日，国务院批准公布的《国家重点保护野生植物名录》（第一批），将浙江楠列为国家二级保护的珍贵稀有物种。

目前，杭州西湖风景名胜区的著名景点云栖竹径，存有浙江楠最大古树群之一，共有百年以上浙江楠古树15株。它们或三五株成群，或一两株分布于林内。其中年纪最大的一株浙江楠树龄达到180年，树高23.8m，胸围2.03m，冠幅7.9m。2017年该古树群被评选为"杭州十大最美古树群"。

云栖竹径的浙江楠古树群

# ㉒ 紫薇

科 属 千屈菜科紫薇属　学 名 *Lagerstroemia indica*

【形态特征】落叶灌木或小乔木，高可达7m；树皮平滑，灰色或灰褐色；枝干多扭曲，小枝纤细，具4棱，略成翅状。叶互生或有时对生，纸质，椭圆形、阔矩圆形或倒卵形，长2.5～7cm，宽1.5～4cm，顶端短尖或钝形，有时微凹，基部阔楔形或近圆形，无毛或下面沿中脉有微柔毛，侧脉3～7对，小脉不明显；无柄或叶柄很短。花淡红色或紫色、白色，直径3～4cm，常组成7～20cm的顶生圆锥花序；花梗长3～15mm，中轴及花梗均被柔毛；花萼长7～10mm，外面平滑无棱，但鲜时萼筒有微突起短棱，两面无毛，裂片6，三角形，直立，无附属体；花瓣6，皱缩，长12～20mm，具长爪；雄蕊36～42，外面6枚着生于花萼上，比其余的长得多；子房3～6室，无毛。蒴果椭圆状球形或阔椭圆形，长1～1.3cm，幼时绿色至黄色，成熟时或干燥时呈紫黑色，室背开裂；种子有翅，长约8mm。花期6～9月，果期9～12月。

【应用价值】花色鲜艳美丽，花期长，寿命长，树龄有达200年的，现热带地区已广泛栽培为庭园观赏树，有时亦作盆景。紫薇的木材坚硬、耐腐，可作农具、家具、建筑等用材；树皮、叶及花为强泻剂；根和树皮煎剂可治咯血、吐血、便血。

【资源分布】目前杭州西湖风景名胜区有紫薇古树2株，均为三级古树。

【趣闻轶事】紫薇树身优美，花开艳丽，花期从夏季到秋季，长达百余日，故而人们又称它为"百日红"。在古代，紫薇花和天空中象征帝王的紫微星（北极星）同名，所以民间常把紫薇和帝王联系起来，有"天上紫微星，地下紫薇花"的说法。

在唐代，掌管全国政权的机构中书省，曾一度改名为"紫微省"。据《新唐书·百官志二》记载："开元元年，改中书省曰紫微省，中书令曰紫微令。"中书省不仅改了名，在中书省的办公的庭院内，还种满了紫薇树。曾任中书舍人的韩偓有诗曰："职在内廷宫阙下，厅前皆种紫薇花。"

在当时的朝廷，只要在中书省担任过职位的官员都喜爱用"紫薇"来作为别号，如著名诗人杜牧管自己叫"杜紫薇"；杭州的"老市长"白居易担任过中书舍人，他自称"紫薇郎""紫微翁"。还曾写过关于紫薇花的诗："丝纶阁下文书静，钟鼓楼中刻漏长。独坐黄昏谁是伴，紫薇花对紫微郎。"

目前，在西湖风景名胜区共有两株百年以上紫薇，所处位置均是古代达官贵人们的居所，其中一株位于孤山文澜阁内，此地在清代是康熙、乾隆皇帝下江南所居住的行宫。该树树龄为100年，树高2.8m，胸围0.9m，平均冠幅1.75m。矗立在一处假山旁，因其年老，主干已经中空，当地管理部门为保护这株古树，将主干下部的树洞用水泥包被起来，并在树穴加装了透气铺装。

另一株紫薇古树年纪稍长，有110岁，树高达到了9.8m，胸围1.3m，平均冠幅5.1m。这株古树位于西湖西南面的西湖国宾馆刘庄内。

位于门店内的紫薇古树，树龄110年

# ㉓ 乌桕

科 属 大戟科乌桕属　学 名 *Sapium sebiferum*

【形态特征】乔木，高可达15m，各部均无毛而具乳状汁液；树皮暗灰色，有纵裂纹；枝广展，具皮孔。叶互生，纸质，叶片菱形、菱状卵形或稀有菱状倒卵形，长3～8cm，宽3～9cm，顶端骤然紧缩具长短不等的尖头，基部阔楔形或钝，全缘；中脉两面微凸起，侧脉6～10对，纤细，斜上升，离缘2～5mm弯拱网结，网状脉明显；叶柄纤细，长2.5～6cm，顶端具2腺体，托叶顶端钝，长约1mm。花单性，雌雄同株，聚集成顶生、长6～12cm的总状花序，雌花通常生于花序轴最下部或罕有在雌花下部亦有少数雄花着生，雄花生于花序轴上部或有时整个花序全为雄花。雄花：花梗纤细，长1～3mm，向上渐粗；苞片阔卵形，长和宽近相等，约2mm，顶端略尖，基部两侧各具一近肾形的腺体，每一苞片内具10～15朵花；小苞片3，不等大，边缘撕裂状；花萼杯状，3浅裂，裂片钝，具不规则的细齿；雄蕊2枚，罕有3枚，伸出于花萼之外，花丝分离，与球状花药近等长。雌花：花梗粗壮，长3～3.5mm；苞片深3裂，裂片渐尖，基部两侧的腺体与雄花的相同，每一苞片内仅1朵雌花，间有1雌花和数雄花同聚生于苞腋内；花萼3深裂，裂片卵形至卵头披针形，顶端渐尖至渐尖；子房卵球形，平滑，3室，花柱3，基部合生，柱头外卷。蒴果梨状球形，成熟时黑色，直径1～1.5cm。具3种子，分果爿脱落后而中轴宿存；种子扁球形，黑色，长约8mm，宽6～7mm，外被白色、蜡质的假种皮。花期4～8月。

【应用价值】木材白色，坚硬，纹理细致，用途广。叶为黑色染料，可染衣物。根皮治毒蛇咬伤。白色之蜡质层（假种皮）溶解后可制肥皂、蜡烛；种子油适于涂料，可涂油纸、油伞等。

【资源分布】目前杭州西湖风景名胜区有乌桕古树1株，为三级古树。

【趣闻轶事】乌桕，大戟科乌桕属植物，为著名的秋色叶树种。"乌桕"这个名字的起源很有意思，根据明代李时珍的《本草纲目》里记载："乌桕，乌喜食其子，因以名之……或云：其木老则根下黑烂成臼，故得此名。"

中国关于乌桕的历史记载最早可追溯至1400多年前的北魏时期，当时的农学家贾思勰就把乌桕写进了中国现存最早的一部完整农书《齐民要术》里。宋代著名诗人陆游曾写过："乌桕赤于枫，园林二月中"。同时代的辛弃疾曾亲手种植过乌桕树："手种门前乌桕树，而今千尺苍苍。"

清代杭州藏书家王端履论述云："江南临水多种乌桕，秋叶饱霜，鲜红可爱。"

乌桕因生长环境喜光不耐阴，喜温不耐寒，耐水湿抗风力强，故而乌桕适合在杭州西湖这样的水边生长。

目前杭州西湖风景名胜区最古老的一株乌桕树便是依水而生的。这株古树位于西湖中心的三潭印月岛码头旁，树高20m，胸围可容两三人环抱，冠幅16.4m，树龄已达160年。其树形优美，树叶色彩随着季节变幻。进入深秋后，乌桕叶变得五彩斑斓，金黄、橙红、火红、褐红各色交织，仿佛画师打翻颜料盘。

宋代诗人杨万里游览杭州西湖时曾赋诗赞美过这里的乌桕树，其诗《秋山》曰："乌桕平生老染工，错将铁皂作猩红。小枫一夜偷天酒，却倩孤松掩醉容。"乌桕着色的疏忽，由暗黑变为猩红，似由枫树醉酒所致，叶色一夜之间转为绯红。诗人用拟人化的手法，诙谐生动地展现了乌桕和红枫织就的秋色霜天的美丽图景。另一首《秋山》："梧叶新黄柿叶红，更兼乌桕与丹枫。只言山色秋萧瑟，绣出西湖三四峰。"由于气候变幻的那种林相之美，成就了杭州西湖的迷人秋色。

三潭印月岛码头旁最古老的一株乌桕树，树龄160年

# ㉔ 龙爪槐

科 属 豆科槐属　学 名 *Styphnolobium japonicum* 'Pendula'

【形态特征】枝和小枝均下垂，并向不同方向弯曲盘悬，形似龙爪。羽状复叶长达25cm；叶轴初被疏柔毛，旋即脱净；叶柄基部膨大，包裹着芽；托叶形状多变，有时呈卵形，叶状，有时线形或钻状，早落；小叶4～7对，对生或近互生，纸质，卵状披针形或卵状长圆形，长2.5～6cm，宽1.5～3cm，先端渐尖，具小尖头，基部宽楔形或近圆形，稍偏斜，下面灰白色，初被疏短柔毛，旋变无毛；小托叶2枚，钻状。

【应用价值】龙爪槐树冠优美，花芳香，是行道树和优良的蜜源植物；花和荚果入药，有清凉收敛、止血降压作用；叶和根皮有清热解毒作用，可治疗疮毒；木材供建筑用。

【资源分布】杭州西湖风景名胜区的中山公园正门口两侧就各有一株百年龙爪槐古树。其中一株高4.7m，冠幅4.5m，另一株高5.2m，冠幅4.7m。

【趣闻轶事】龙爪槐又名垂槐、蟠槐、倒栽槐。属豆科槐属。是槐的一个栽培品种。上部蟠曲如龙，老树奇特苍古。明代顾起元的《客座赘语》一文中称："龙爪槐，蟠曲如虬龙挐攫之形，树不甚高，仅可丈许，花开类槐花微红，作桂花香。"清代的杭州文学家徐珂在《清稗类钞·植物》记载："工部营缮司槐及城南龙爪槐，皆极参差蜿蜒之致。"

龙爪槐观赏价值很高，在园林中有很重要的地位，人们常对称种植于庙宇、所堂等建筑物两侧，以点缀庭园。杭州西湖风景名胜区的中山公园正门口两侧就各有一株百年龙爪槐古树。

中山公园入口旁的龙爪槐古树，树龄100年

中山公园入口旁的龙爪槐古树，树龄 100 年

# 25 麻栎

科 属 壳斗科栎属　学 名 *Quercus acutissima*

【形态特征】落叶乔木，高可达30m，胸径可达1m，树皮深灰褐色，深纵裂。幼枝被灰黄色柔毛，后渐脱落，老时灰黄色，具淡黄色皮孔。冬芽圆锥形，被柔毛。叶片形态多样，通常为长椭圆状披针形，长8～19cm，宽2～6cm，顶端长渐尖，基部圆形或宽楔形，叶缘有刺芒状锯齿，叶片两面同色，幼时被柔毛，老时无毛或叶背面脉上有柔毛，侧脉每边13～18条；叶柄长1～3（～5）cm，幼时被柔毛，后渐脱落。雄花序常数个集生于当年生枝下部叶腋，有花1～3朵。壳斗杯形，包着坚果约1/2，连小苞片直径2～4cm，高约1.5cm；小苞片钻形或扁条形，向外反曲，被灰白色茸毛。坚果卵形或椭圆形，直径1.5～2cm，高1.7～2.2cm，顶端圆形，果脐突起。花期3～4月，果期翌年9～10月。

【应用价值】木材为环孔材，边材淡红褐色，心材红褐色，材质坚硬，纹理直或斜，耐腐朽，气干易翘裂；供枕木、坑木、桥梁、地板等用材；叶含蛋白质13.58%，可饲柞蚕；种子含淀粉56.4%，可作饲料和工业用淀粉；壳斗、树皮可提取栲胶。

【资源分布】目前杭州西湖风景名胜区共有百年以上麻栎古树12株，其中10株位于灵隐景区玉液幽兰林地内。

【趣闻轶事】麻栎是壳斗科栎属落叶乔木。其栽培历史悠久，早在先秦以前，人们就把麻栎树视为圣树、社树。在举行祭祀活动时，人们会在麻栎树下载歌载舞，因此麻栎树就成为音乐的象征。根据《诗经·晨风》记载："山有苞栎，隰有六驳。未见君子，忧心靡乐。如何如何，忘我实多！"在这首妻子思念丈夫的诗歌中提到的"山有苞栎"便是指漫山遍野的麻栎树。

人们食用麻栎果实的历史可以追溯到农耕文明前，当时人们不懂得种植庄稼和饲养家畜，主要靠采食天然的植物果实为生。《庄子·盗跖》说上古之民"昼拾橡栗，暮栖木上"，这里的橡栗就是麻栎子。浙江一带的河姆渡文明就把麻栎子当做口粮之一。然而，由于麻栎子味道微苦，人们只在饥荒时期才食用麻栎子充饥。唐代安史之乱时，诗人杜甫逃难到甘肃，一家老小在山中捡拾栎子为生，杜甫也写下了苦闷的诗句："岁拾橡栗随狙公，天寒日暮山谷里。"

灵隐玉液幽兰前林地内的麻栎古树

灵隐玉液幽兰前林地内的麻栎古树

灵隐玉液幽兰前林地内的 10 株百年以上麻栎古树

# ㉖ 榔榆

科 属 榆科榆属　学 名 *Ulmus parvifolia*

【形态特征】落叶乔木，或冬季叶变为黄色或红色宿存至第二年新叶开放后脱落，高可达25m，胸径可达1m；树冠广圆形，树干基部有时呈板状根，树皮灰色或灰褐色，裂成不规则鳞状薄片剥落，露出红褐色内皮，近平滑，微凹凸不平；当年生枝密被短柔毛，深褐色；冬芽卵圆形，红褐色，无毛。叶质地厚，披针状卵形或窄椭圆形，稀卵形或倒卵形，中脉两侧长宽不等，长1.7～8（常2.5～5）cm，宽0.8～3（常1～2）cm，先端尖或钝，基部偏斜，楔形或一边圆，叶面深绿色，有光泽，除中脉凹陷处有疏柔毛外，余处无毛，侧脉不凹陷，叶背色较浅，幼时被短柔毛，后变无毛或沿脉有疏毛，或脉腋有簇生毛，边缘从基部至先端有钝而整齐的单锯齿，稀重锯齿（如萌发枝的叶），侧脉每边10～15条，细脉在两面均明显，叶柄长2～6mm，仅上面有毛。花秋季开放，3～6数在叶腋簇生或排成簇状聚伞花序，花被上部杯状，下部管状，花被片4，深裂至杯状花被的基部或近基部，花梗极短，被疏毛。翅果椭圆形或卵状椭圆形，长10～13mm，宽6～8mm，除顶端缺口柱头面被毛外，余处无毛，果翅稍厚，基部的柄长约2mm，两侧的翅较果核部分为窄，果核部分位于翅果的中上部，上端接近缺口，花被片脱落或残存，果梗较管状花被为短，长1～3mm，有疏生短毛。花果期8～10月。

【应用价值】边材淡褐色或黄色，心材灰褐色或黄褐色，材质坚韧，纹理直，耐水湿，可供家具、车辆、造船、器具、农具、船橹等用材。树皮纤维纯细，杂质少，可作蜡纸及人造棉原料，或织麻袋、编绳索，亦供药用。可选作造林树种。

【资源分布】目前，杭州西湖风景名胜区的榔榆古树有1株，位于湖滨三公园西湖边。

【趣闻轶事】在中国关于榔榆最早的文字记载出现在《诗经》的《唐风·山有枢》："山有枢，隰有榆"。

在中国古代，榔榆还有个有趣的说法，榔榆原本作"郎榆"，与之相对的还有"姑榆"。《广志》云："有姑榆，有郎榆。郎榆无荚，材又任车用至善。"其中的姑，便是女子的称谓，郎就是男子的称谓，以姑、郎相称，用来说明榔榆树存在雌雄性别。其实《广志》中提到的"姑榆"，就是今天常见的榆树（*Ulmus pumila*）。因榆树春日开花结果，被认为有生子能力，故曰"姑榆"。而榔榆在夏秋间开花结果，花簇生于叶腋，其果实较小不明显，所以《广志》说它"无荚"而称之"郎榆"。二者其实同为榆属不同种植物。

湖滨音乐喷泉北侧的榔榆古树，树龄 110 年

# ㉗ 锥 栗

科 属 壳斗科栗属　学 名 *Castanea henryi*

【形态特征】高达30m的大乔木，胸径可达1.5m，冬芽长约5mm，小枝暗紫褐色，托叶长8～14mm。叶长圆形或披针形，长10～23cm，宽3～7cm，顶部长渐尖至尾状长尖，新生叶的基部狭楔尖，两侧对称，成熟叶的基部圆或宽楔形，一侧偏斜，叶缘的裂齿有长2～4mm的线状长尖，叶背无毛，但嫩叶有黄色鳞腺且在叶脉两侧有疏长毛；开花期的叶柄长1～1.5cm，结果时延长至2.5cm。

【应用价值】可食用，木材坚实，可供枕木、建筑等用。壳斗木材和树皮含大量鞣质，可提制栲胶。

【资源分布】杭州西湖风景名胜区目前有锥栗古树1株，位于灵隐寺藏经楼后的竹林中。

【趣闻轶事】锥栗为壳斗科栗属植物，其木材可供建筑使用，其果实可制成栗子粉、罐头等，是中国重要的木本粮食之一。早在公元前3000年的春秋时期，中国最早的诗歌《诗经》中就有了锥栗的记载："阪有漆，隰有栗"。

到了汉代人们便开始普遍栽培锥栗，在南方出现了以锥栗为主体的"南栗"。从宋代开始，人们将锥栗作为供奉儒家孔圣人的必备果品。著名诗人陆游曾经为锥栗赋诗两首。其一是《夜食炒栗有感》，其诗曰："齿根浮动叹吾衰，山栗炮燔疗夜饥。唤起少年京举梦，和宁门外早朝来。"其二为《送客》，其诗曰："有客相与饮，酒尽惟清言。坐久饥肠鸣，殷如车轮翻。烹栗煨芋魁，味美敌熊蹯。一饱失百忧，抵掌谈羲轩。意倦客辞去，秉炬送柴门。林间鸟惊起，落月倾金盆。"

清代的乾隆皇帝热爱美食也热爱写诗，曾写有《食栗》一诗表达了其对锥栗的喜爱："小熟大者生，大熟小者焦。大小得均熟，所待火候调。惟盘陈立几，献岁同春椒。何须学高士，围炉芋魁烧。"

灵隐寺藏经楼后竹林中的锥栗古树，树龄 180 年

# 28 枫杨

科 属 胡桃科枫杨属　学 名 *Pterocarya stenoptera*

【形态特征】大乔木，高可达30m，胸径可达1m；幼树树皮平滑，浅灰色，老时则深纵裂；小枝灰色至暗褐色，具灰黄色皮孔；芽具柄。叶多为偶数或稀奇数羽状复叶，长8~16cm，叶柄长2~5cm。雄性柔荑花序长6~10cm，单独生于去年生枝条上叶痕腋内，花序轴常有稀疏的星芒状毛。雌性柔荑花序顶生，长10~15cm，花序轴密被星芒状毛及单毛，下端不生花的部分长达3cm。雌花几乎无梗，苞片及小苞片基部常有细小的星芒状毛，并密被腺体。果序长20~45cm，果序轴常被有宿存的毛。果实长椭圆形，长6~7mm；果翅狭，条形或阔条形，长12~20mm，宽3~6mm，具近于平行的脉。花期4~5月，果熟期8~9月。

【应用价值】广泛栽植作园庭树或行道树。树皮含鞣质，可提取栲胶，亦可作纤维原料；果实可作饲料和酿酒，种子还可榨油。

【资源分布】杭州西湖风景名胜区目前有枫杨古树7株，其中杭州植物园和花港观鱼公园各

吴山城隍阁东面游步道边的枫杨古树，树龄180年

有3株、吴山1株。

【**趣闻轶事**】枫杨，又称"溪沟树""元宝树"。是胡桃科落叶乔木。其树根系发达，生长快速，适应性强，是固堤护岸的优良树种。此外，枫杨较耐烟尘，对二氧化硫和有毒气体具有一定的抗性。枫杨的用途也极其广泛，除了木材可作家具、农具、人造棉原料外，树皮纤维还可制绳索，种子可榨油供食用，树根作药用等。

枫杨性喜耐湿，多生长于平原丘陵的江、河、湖畔及低洼湿地处，目前杭州西湖景区有枫杨古树7株，大多依水而生。

枫杨树朴实无华，却寄托着人们对生活美好的期望和浓浓的乡愁文化情怀。夏季，枫杨宽广的树荫为人们带来清凉；冬季，枫杨落叶后人们又在大树下晒起"阳光浴"；孩童用枫杨新长的树皮制成口哨；树枝上的蝉鸣、树叶下的"洋辣毛"又给人们带来了许多欢声笑语。这几株古枫杨树见证了乡间人们简单而纯朴的快乐。

杭州植物园北门入口的枫杨古树，树龄100年

# ㉙ 竹柏

科 属 罗汉松科竹柏属　学 名 *Nageia nagi*

【形态特征】乔木，高可达20m，胸径可达50cm；树皮近于平滑，红褐色或暗紫红色，呈小块薄片脱落；枝条开展或伸展，树冠广圆锥形。叶对生，革质，长卵形、卵状披针形或披针状椭圆形，有多数并列的细脉，无中脉，长3.5～9cm，宽1.5～2.5cm，上面深绿色，有光泽，下面浅绿色，上部渐窄，基部楔形或宽楔形，向下窄成柄状。雄球花穗状圆柱形，单生叶腋，常呈分枝状，长1.8～2.5cm，总梗粗短，基部有少数三角状苞片；雌球花单生叶腋，稀成对腋生，基部有数枚苞片，花后苞片不肥大成肉质种托。种子圆球形，径1.2～1.5cm，成熟时假种皮暗紫色，有白粉，梗长7～13mm，其上有苞片脱落的痕迹，骨质外种皮黄褐色，顶端圆，基部尖，其上密被细小的凹点，内种皮膜质。花期3～4月，种子10月成熟。

【应用价值】竹柏有净化空气、抗污染和强烈驱蚊的效果，是雕刻、制作家具、胶合板的优良用材，具有较高的观赏、生态、药用和经济价值。

【资源分布】目前杭州西湖风景名胜区尚存百年竹柏古树1株，位于第九零三医院生活区内。树龄200年。

【趣闻轶事】竹柏又称罗汉柴，属于罗汉松科竹柏属，是一种古老的裸子植物，被人们称为活化石，为国家二级保护植物。

因竹柏经冬不凋，常被古人化作坚贞的象征。历代文人墨客都对其赞赏不已。《司空庾冰碑》中曾记载："夫良玉以经焚不渝，故其贞可贵；竹柏以蒙霜保荣，故见殊列树"。《文选·颜延之》："如彼竹柏，负雪怀霜"。唐代诗人白居易曾借竹柏的习性来抨击时政，忧国忧民，其诗曰："竹柏皆冻死，况彼无衣民。"

竹柏常年苍翠，树干修直，叶子像竹，树干像柏。有竹的修养，又有柏的坚毅，姿态丰挺优雅。

第九零三医院生活区内的一株竹柏古树，树龄200年

第九零三医院生活区内的一株竹柏古树，树龄 200 年

# ③⓪ 女 贞

科 属 木樨科女贞属　学 名 *Ligustrum lucidum*

【形态特征】灌木或乔木，树皮灰褐色。叶片常绿，革质，卵形、长卵形或椭圆形至宽椭圆形，长6～17cm，宽3～8cm，先端锐尖至渐尖或钝，基部圆形或近圆形，有时宽楔形或渐狭，叶缘平坦，上面光亮，两面无毛，中脉在上面凹入，下面凸起，侧脉4～9对，两面稍凸起或有时不明显；叶柄长1～3cm，上面具沟，无毛。

【应用价值】枝叶茂密，树形整齐，是园林中常用的观赏树种。可入药，中药称为女贞子。

【资源分布】目前杭州西湖风景名胜区的女贞古树有2株，其中1株位于吴山城隍阁，另1株位于凤凰山老玉皇宫内假山平台。

【趣闻轶事】女贞为木樨科女贞属常绿植物。其树形坚挺，枝叶繁茂。女贞树有着深厚的文化内涵，历代文人感于女贞树之"贞"，故歌咏女贞树的诗句不胜枚举。《本草纲目》中记载："此木凌冬青翠，有贞守之操，故以贞女状之。"明朝张羽《杂言》曰："青青女贞树，霜霰不改柯。"清代戴亨则赋诗盛赞女贞："嘉树植中庭，号为女贞木。岁寒色不凋，霜雪从相酷。"

关于女贞树的名字由来有两种说法。其一：女贞是春秋战国时期鲁国一位女子的名字。史书记载"负霜葱翠，振柯凌风，而贞女慕其名，或树之于云堂，或植之于阶庭。"她将常青树种植于自己的庭院中，久而久之人们就称这种树为"女贞"

其二：相传在秦汉时期，有一员外，膝下有一女，年方二八，品貌端庄，窈窕动人，工及琴棋书画，员外视若掌上明珠，求婚者络绎不绝，小姐均不应允。因员外贪图升官发财，将爱女许配给县令为妻，以光宗耀祖。哪知员外之女与一私塾先生私订终身，到出嫁之日，便含恨一头撞死在闺房之中，表明自己非私塾先生不嫁之志。后来，她的墓地生出常青树来，人们念其贞洁烈女，便将这种树称为"女贞"。

杭州最早关于种植女贞树的记载是明代，当时的浙江都司徐司马因喜爱此树，曾下令杭州城居民在门前遍植女贞树，使女贞成为了杭州一景。

东岳之殿与南廊拐角处的一株女贞古树，树龄 130 年

# ③1 皂荚

科 属 豆科皂荚属 学 名 *Gleditsia sinensis*

【形态特征】落叶乔木或小乔木，高可达30m；枝灰色至深褐色；刺粗壮，圆柱形，常分枝，多呈圆锥状，长达16cm，叶为一回羽状复叶，长10～18（26）cm；小叶（2）3～9对，纸质，卵状披针形至长圆形，长2～8.5（12.5）cm，宽1～4（6）cm，先端急尖或渐尖，顶端圆钝，具小尖头，基部圆形或楔形，有时稍歪斜，边缘具细锯齿，上面被短柔毛，下面中脉上稍被柔毛；网脉明显，在两面凸起；小叶柄长1～2（5）mm，被短柔毛。

【应用价值】皂荚树的木材坚实，耐腐耐磨，黄褐色或杂有红色条纹，可用于制作工艺品、家具。可入药。

【资源分布】目前杭州西湖风景名胜区有二株皂荚古树。

【趣闻轶事】皂荚也称皂角，是豆科皂荚属落叶乔木。皂荚自古就被人们用来沐浴清洁、防虫蛀等用。早在宋代时期，勤劳智慧的古人们就发明了一种人工洗涤剂，他们将天然的皂荚捣碎研细，加上香料等，制作成橘子大小的球状，专供人们洗澡沐浴之用，俗称"肥皂团"。欧阳修曾记载："淮南人藏盐酒蟹，凡一器数十蟹，以皂荚半挺置其中，则可藏经岁不沙。"清代王士禛《香祖笔记》："以皂荚末置书中，以辟蠹。"

皂荚除了用于沐浴、防虫之外，还有药用价值。目前杭州西湖风景名胜区有一株树龄260年的皂荚古树，位于葛岭抱朴道院南边。相传道教的祖师爷葛洪道士曾在葛岭抱朴道院内潜心医术，悬壶济世，并留下了《金匮药方》《肘后备急方》等伟大的医学著作。其中《肘后备急方》一书中特别提到了将皂荚入药的方法，将皂荚果等药物磨成末，用管子吹入患者鼻中，或含在舌下，便可以治疗中风、心梗等疾病，类似于现在的速效救心丸。

葛岭抱朴道院南边的一株皂荚古树，树龄260年

# ㉜ 青冈栎

科　属　壳斗科青冈属　　学　名　*Cyclobalanopsis glauca*

【形态特征】小枝无毛。叶片革质，倒卵状椭圆形或长椭圆形，长6～13cm，宽2～5.5cm，顶端渐尖或短尾状，基部圆形或宽楔形，叶缘中部以上有疏锯齿，侧脉每边9～13条，叶背支脉明显，叶面无毛，叶背有整齐平伏白色单毛，老时渐脱落，常有白色鳞秕；叶柄长1～3cm。雄花序长5～6cm，花序轴被苍色茸毛。果序长1.5～3cm，着生果2～3个。壳斗碗形，包着坚果1/3～1/2，直径0.9～1.4cm，高0.6～0.8cm，被薄毛；小苞片合生成5～6条同心环带，环带全缘或有细缺刻，排列紧密。坚果卵形、长卵形或椭圆形，直径0.9～1.4cm，高1～1.6cm，无毛或被薄毛，果脐平坦或微凸起。花期4～5月，果期10月。

【应用价值】木材坚硬，材用树种。青冈栎的木材灰黄或黄褐色，结构细致，木质坚实，可作车船、滑轮、运动器械等用材；种子含有淀粉，可酿

杭州植物园的青冈栎古树，树龄 100 年

灵隐寺的青冈栎古树，树龄310年

酒，做糕点、豆腐；壳斗、树皮还可提取栲胶。

【资源分布】杭州西湖风景名胜区有青冈栎百年古树9株，分散在云栖竹径、杭州植物园、六通宾馆、灵隐寺等地。其中最年长的两株树龄均超过了300年。

【趣闻轶事】青冈栎是壳斗科青冈属植物，为亚热带树种。因它对气候条件反应敏感，故而又被称为"气象树"。原来这和青冈栎叶片中含有叶绿素和花青素的比值变化有关。在长期干旱、即将下雨之前，遇上强光闷热天，叶绿素合成受阻，使花青素在叶片中占优势，叶片逐渐变成红色。于是人们根据平时对青冈树的观察，得出了经验：当树叶变红时，这个地区在一两天内会下大雨。雨过天晴，树叶又呈深绿色。人们就根据这个信息，预报气象，安排农活。

青冈栎因其坚硬耐用，所以也是制作家具和建材的好材料。同时在木材烧制后可以作为一种无定形木炭，用于冶金锻造之中。相传商代的青铜器和春秋战国时期铁器的冶炼都会用到青冈栎木炭。

# 33 刨花楠

科 属 樟科润楠属　　学 名 *Machilus pauhoi*

【形态特征】高6.5～20m，胸径可达30cm，树皮灰褐色，有浅裂。小枝绿带褐色，干时常带黑色，无毛或新枝基部有浅棕色小柔毛。顶芽球形至近卵形，随着新枝萌发，渐多少呈竹笋形，鳞片密被棕色或黄棕色小柔毛。叶常集生小枝梢端，椭圆形或狭椭圆形，间或倒披针形。

【应用价值】木材供建筑、制家具，刨成薄片，叫"刨花"，浸水中可产生黏液，加入石灰水中，用于粉刷墙壁，能增加石灰的黏着力，不易揩脱，并可用于制纸。

【资源分布】杭州西湖风景名胜区目前有刨花楠古树两株，都位于法云古村东南路边，树龄390年。

【趣闻轶事】刨花楠又名香粉树，为樟科常绿乔木。刨花楠生长迅速，树干通直。其木材能加工成香粉，是制作蚊香、塔香等熏香的重要原材料。同时木材也是制作家具的优良材料，是传说中"金丝楠木"的一种，其树干在生长几十年后，加工成板材时会出现美丽的金丝状纹路。所以常用来制作皇家贵族家具。

法云古村东南路边的两株刨花楠古树，树龄390年

# ③④ 白蜡树

科 属 木樨科梣属　学 名 *Fraxinus chinensis*

【形态特征】落叶乔木，高10～12m；树皮灰褐色，纵裂。芽阔卵形或圆锥形，被棕色柔毛或腺毛。小枝黄褐色，粗糙，无毛或疏被长柔毛，旋即秃净，皮孔小，不明显。羽状复叶长15～25cm；叶柄长4～6cm，基部不增厚；叶轴挺直，上面具浅沟，初时疏被柔毛，旋即秃净；小叶5～7枚，硬纸质，卵形、倒卵状长圆形至披针形，长3～10cm，宽2～4cm，顶生小叶与侧生小叶近等大或稍大，先端锐尖至渐尖，基部钝圆或楔形，叶缘具整齐锯齿，上面无毛，下面无毛或有时沿中脉两侧被白色长柔毛，中脉在上面平坦，侧脉8～10对，下面凸起，细脉在两面凸起，明显网结；小叶柄长3～5mm。

【应用价值】白蜡树木材坚韧，供编制各种用具，也可用来制作家具、农具、车辆、胶合板等。

【资源分布】目前杭州西湖风景名胜区有白蜡树古树一株，位于三潭印月竹林内。树龄110年。

【趣闻轶事】白蜡树，木樨科梣属落叶乔木。白蜡树之所以叫这个名字，是因为古人在它的身上放养白蜡虫，生产白蜡。白蜡虫是介壳虫的一种，可以分泌白色的蜡质。在古代，人们用这种蜡质做蜡烛、入药，是一种昂贵的奢侈品。到了现代，白蜡也可以用作化工业。

古人在芒种前后把白蜡幼虫放至白蜡树上养殖，白蜡虫小如蚂蚁，它们吸取白蜡树的汁液，分秘出一种白色液体，待凝固后于处暑时采下，放在容器中熬制，冷却成块状即成为蜡。

宋朝人周密撰写的《癸辛杂识》中对制作白蜡的方法有着详细记载："江浙之地旧无白蜡，十余年间有道人自淮间带白蜡虫子来求售，状如小茨实，价以升计。其法以盆桎树，树叶类茱萸叶，生水傍，可扦而活，三年成大树。每以芒种前以黄草布作小囊贮虫子十余枚，遍挂之树间，至五月则每一子中出虫数百，细若蚁蠓，遗白粪於枝梗间，此即白蜡，（虫）则不复见矣。至八月中始录而取之，用沸汤煎之即成蜡矣。"

白蜡树的树皮是一味重要的中药——秦皮。白蜡树在有些地区也被叫作梣木，因读音的关系，被人误写作"秦木"，树皮被写作"秦皮"。根据《本草纲目》中记载："秦皮，其木小而岑高，故因以为名。人讹为梣木，又讹为秦木。或云本出秦地，故得秦名也。"

白蜡树树皮能入药最早是由神医张仲景发现的。三国时期，军阀混战，瘟疫横行，大批的百姓因为疫病死亡。世代行医的张仲景立志要悬壶济世，救死扶伤。经过他多年的研究和分析，发现白蜡树的树皮可以有效治疗伤寒、痢疾等疾病。于是他大量采集树皮，并煎药来治疗病人，取得了非常好的效果。被人们尊称为"医圣"。后来他还留下了著名医书《伤寒杂病论》，里面详细介绍了白蜡树树皮的使用方法。

三潭印月竹林内的一株白蜡树古树，树龄 110 年

# 35 佘山羊奶子

科 属 胡颓子科胡颓子属　　学 名 *Elaeagnus argyi*

【形态特征】落叶或常绿直立灌木，高2～3m，通常具刺；小枝近90.度的角开展，幼枝淡黄绿色，密被淡黄白色鳞片，稀被红棕色鳞片，老枝灰黑色；芽棕红色。叶大小不等，发于春秋两季，薄纸质或膜质，发于看季的为小型叶，椭圆形或矩圆形，长1～4cm，宽0.8～2cm，顶端圆形或钝形，基部钝形，下面有时具星状绒毛，发于秋季的为大型叶，矩圆状倒卵形至阔椭圆形，长6～10cm，宽3～5cm，两端钝形，边缘全缘，稀皱卷，上面幼时具灰白色鳞毛，成熟后无毛，淡绿色，下面幼时具白色星状柔毛或鳞毛，成熟后常脱落，被白色鳞片，侧脉8～10对，上面凹下，近边缘分叉而互相连接；叶柄黄褐色，长5～7mm。花淡黄色或泥黄色，质厚，被银白色和淡黄色鳞片，下垂或开展，常5-7花簇生新枝基部成伞形总状花序，花枝花后发育成枝叶；花梗纤细，长3mm；萼筒漏斗状圆筒形，长5.5～6mm，在裂片下面扩大，在子房上收缩，裂片卵形或卵状三角形，长2mm，顶端钝形或急尖，内面疏生短细柔毛，包围子房的萼管椭圆形，长2mm；雄蕊的花丝极短，花药椭圆形，长1.2mm；花柱直立，无毛。果实倒卵状矩圆形，长13～15mm，直径6mm，幼时被银白色鳞片，成熟时红色；果梗纤细，长8～10mm。花期1～3月，果期4～5月。

【应用价值】可入药，具有祛痰止咳，利湿退黄，解毒之功效。

【资源分布】杭州西湖风景名胜区唯一1株佘山羊奶子古树，位于风景如画的花港观鱼公园印影亭旁。

花港观鱼公园印影亭旁的一株佘山羊奶子古树，树龄110年

# 36 广玉兰

科　属　木兰科木兰属　学　名　*Magnolia grandiflora*

【形态特征】原产地高达30m；树皮淡褐色或灰色，薄鳞片状开裂；小枝粗壮。叶厚革质，椭圆形、长圆状椭圆形或倒卵状椭圆形，叶面深绿色，有光泽。花白色，有芳香，直径15～20cm；花被片9～12，厚肉质，倒卵形，长6～10cm，宽5～7cm。聚合果圆柱状长圆形或卵圆形，蓇葖背裂，背面圆，顶端外侧具长喙；种子近卵圆形或卵形，长约14mm，径约6mm，外种皮红色，除去外种皮的种子，顶端延长成短颈。花期5～6月，果期9～10月。

【应用价值】花大，白色，状如荷花，芳香，为美丽的庭园绿化观赏树种，适生于湿润肥沃土壤，对二氧化硫、氯气、氟化氢等有毒气体抗性较强；也耐烟尘。木材黄白色，材质坚重，可供装饰材用。

【资源分布】杭州西湖风景名胜区现有广玉兰古树13株。

【趣闻轶事】广玉兰又称洋玉兰、荷花玉兰。广玉兰为常绿乔木，叶厚革质，花大而香，树姿雄伟壮丽。中国当代作家、文艺评论家陈荒煤曾专门写了一篇散文《广玉兰赞》，称赞盛开的玉兰花，洁白柔嫩得像婴儿的笑脸，甜美、纯洁，惹人喜爱。

杭州西湖现有广玉兰古树13株。从树龄推算时间，均为清代末年所种植。所在位置分布在蒋庄、静逸别墅、孤山等地。在清代这些地方大多为达官贵人的私家花园。因广玉兰原产美国东南部，从清代末期开始引进，在当时种植广玉兰被当作“时髦”之事。所以大多种植于私人别墅内。

关于广玉兰的引进还有个有趣的说法：清朝末年的中法大战，淮军将士奋勇当先，克敌制胜。淮军大将刘铭传率军在台湾浴血奋战，打退了当时号称世界一流强国的法国；名将王孝祺配合冯子材取得镇南关大捷，而淮军另一员将领吴杰在守卫镇海时，亲自发炮打伤了侵略军的头目孤拔。

当时的掌权者慈禧太后为了奖赏淮军领袖李鸿章，特意将美国使者进贡的108株广玉兰幼苗赐给了他。李鸿章将广玉兰带回南方种植，于是广玉兰才开始在中国境内广泛种植。因广玉兰从广东沿海登船上岸，故而被姓“广”。称之为广玉兰。

花港公园蒋庄的广玉兰古树，树龄100年

北山路 32 号院内的广玉兰古树，树龄 160 年

静逸别墅内的广玉兰古树，树龄 130 年

孤山西泠书画院后院的广玉兰古树，树龄 100 年

# 37 鸡爪槭

科 属 槭树科槭属　学 名 *Acer palmatum*

【形态特征】落叶小乔木。树皮深灰色。小枝细瘦。叶纸质，外貌圆形，直径6～10cm，基部心脏形或近于心脏形，稀截形，5～9掌状分裂，通常7裂，花紫色。小坚果球形，直径约7mm，脉纹显著；翅与小坚果共长2～2.5cm，宽1cm，张开成钝角。花期5月，果期9月。

【应用价值】鸡爪槭可作行道树和观赏树栽植，是园林中名贵的乡土观赏树种。

【资源分布】杭州西湖风景名胜区目前有鸡爪槭古树一株，树龄100年，位于西湖丁家山畔的刘庄内。

【趣闻轶事】杭州西湖风景名胜区目前有鸡爪槭古树一株，树龄100年，位于西湖丁家山畔的刘庄内。

刘庄背靠丁家山，面向西里湖，占地36hm²，建筑极为豪华，陈设古朴典雅，又尽揽西湖风光，被誉为"西湖第一名园"。

每年入秋后，这株古鸡爪槭叶片由绿转为鲜红色，色艳如花，灿烂如霞，煞是美丽。

刘庄内的一株鸡爪槭古树，树龄100年

# 38 雪松

科 属 松科雪松属 学 名 *Cedrus deodara*

【形态特征】常绿乔木，树冠尖塔形，大枝平展，小枝略下垂。叶针形，长8~60cm，质硬，灰绿色或银灰色，在长枝上散生，短枝上簇生。10~11月开花。球果翌年成熟，椭圆状卵形，熟时赤褐色。

【应用价值】雪松是世界著名的庭园观赏树种之一。它具有较强的防尘、减噪与杀菌能力。

【资源分布】目前杭州西湖景区有雪松古树8株，树龄均在100年以上。其中4株位于玉皇山半山腰紫来洞平台。1株位于虎跑石屋洞，剩余3株位于孤山中山公园内。

【趣闻轶事】雪松又称喜马拉雅雪松、喜马拉雅杉、香柏。原产喜马拉雅山南麓阿富汗至印度一带。雪松高大挺拔，树冠塔形，四季苍翠，姿态优美，为世界素负盛名的园林风景树种之一，被誉为"风景树皇后"。其寿命可以达到600~1000年。20世纪初，我国开始引种驯化雪松。

玉皇山紫来洞休憩平台中的雪松古树，树龄100年

中山公园内的雪松古树，树龄 100 年

# 39 黑 松

科 属 松科松属　学 名 *Pinus thunbergii*

【形态特征】高可达30m，树皮带灰黑色。4月开花，花单性，雌花生于新芽的顶端，呈紫色，多数种鳞（心皮）相重而排成球形。成熟时，多数花粉随风飘出。球果至翌年秋天成熟，鳞片裂开而散出种子，种子有薄翅。果鳞的鳞脐具有短刺。

【应用价值】黑松是经济树种，可用于造林、园林绿化及庭园造景。树木可用以采脂，树皮、针叶、树根等可综合利用，制成多种化工产品，种子可榨油。可从中采收和提取药用的松花粉、松节、松针及松节油。

【资源分布】目前杭州西湖风景名胜区有黑松古树1株，位于花港公园内。

【名人轶事】黑松是松科松属植物，又名白芽松。松树因其不畏严寒，生命顽强，自古被当作中国传统文化中高尚品格的象征。《论语》里称"岁寒，然后知松柏之后凋也。"《字说》中也有"松为百木之长，犹公也，故字从公"。《礼》：天子树松，诸侯柏，大夫栾，士杨。由此可见松树文化在中国文化中的至高地位。

位于花港观鱼公园牡丹亭旁有一株黑松古树，树龄100年，遮天蔽日，蔚然挺拔，和其身后的牡丹亭搭配得相得益彰。黑松自古有庭木之王的称号，搭配亭子、小桥、流水，体现了自然雅趣。元代画家倪瓒留有传世画作《松林亭子图》一幅，图绘溪岸边的松树，树下构茅亭。画家用笔柔和秀逸，格调超逸。这幅画作虽非牡丹亭前的黑松，却也说明自古以来，在园林艺术造景中，亭子和松树是"绝配"。

花港观鱼公园牡丹亭旁的黑松古树，树龄100年

# ㊵ 羽毛枫

科 属 槭树科槭属　学 名 *Acer palmatum* 'Dissectum'

【形态特征】羽毛枫是园艺品种，为落叶灌木，株高一般不超过4m，树冠开展；枝略下垂，新枝紫红色，成熟枝暗红色；嫩叶艳红，密生白色软毛，叶片舒展后渐脱落，叶色亦由艳丽转淡紫色甚至泛暗绿色；叶片掌状深裂达基部，裂片狭似羽毛裂，有皱纹，入秋逐渐转红。其他特征同鸡爪槭。花紫色，杂性，雄花与两性花同株，生于无毛的伞房花序，总花梗长2~3cm，叶发出以后才开花；萼片5，卵状披针形，先端锐尖，长3mm；花瓣5，椭圆形或倒卵形，先端钝圆，长约2mm；雄蕊8，无毛，较花瓣略短而藏于其内；花盘位于雄蕊的外侧，微裂；子房无毛，花柱长，2裂，柱头扁平，花梗长约1cm，细瘦，无毛。翅果嫩时紫红色，成熟时淡棕黄色；小坚果球形，直径7mm，脉纹显著；翅与小坚果共长2~2.5cm，宽1cm，张开成钝角。花期5月，果期9月。

【应用价值】凡各式庭院绿地、草坪、林缘、亭台假山、门厅入口、宅旁路隅以及池畔均可栽植。是园林造景中不可缺少的观赏树种

【资源分布】目前杭州西湖风景名胜区唯一1株羽毛枫古树，位于西湖十景之一的花港观鱼牡丹亭前。

花港公园牡丹亭前的 羽毛枫古树，树龄 100 年

# 41 木荷

科 属 山茶科木荷属　学 名 *Schima superba*

【形态特征】大乔木，高可达25m，嫩枝通常无毛。叶革质或薄革质，椭圆形，长7~12cm，宽4~6.5cm，先端尖锐，有时略钝，基部楔形，上面干后发亮，下面无毛，侧脉7~9对，在两面明显，边缘有钝齿；叶柄长1~2cm。花生于枝顶叶腋，常多朵排成总状花序，直径3cm，白色，花柄长1~2.5cm，纤细，无毛；苞片2，贴近萼片，长4~6mm，早落；萼片半圆形，长2~3mm，外面无毛，内面有绢毛；花瓣长1~1.5cm，最外1片风帽状，边缘多少有毛；子房有毛。蒴果直径1.5~2cm。花期6~8月。

【应用价值】木荷为中国珍贵的用材树种，树干通直，材质坚韧，结构细致，耐用，易加工，是纺织工业中制作纱锭、纱管的上等材料；又是桥梁、船舶、车辆、建筑、农具、家具、胶合板等优良用材，树皮、树叶含鞣质，可以提取单宁。木荷是很好的防火树种。

【资源分布】杭州西湖风景名胜区有两株木荷古树，位于云栖竹径内。1株树龄160年，另一株树龄130年，这两株木荷树形优美，姿态优雅，枝繁叶茂，夏天开花，芳香四溢。

【趣闻轶事】木荷是山茶科木荷属植物，又名荷木、木艾树、何树。因其花开白色，形似水中荷花，故而得名木荷。它是一种优良的防火树种，被人们称为"烧不死"。木荷树的树叶含水量达到42%左右。这种含水量超群的特性，使得一般的山林大火奈何不了它。

云栖竹径内的木荷古树，树龄130年

# ㊷ 美人茶

科 属　山茶科山茶属　学 名　*Camellia uraku*

【形态特征】小乔木，嫩枝无毛。叶革质，椭圆形或长圆形，长6～9cm，宽3～4cm，先端短急尖，基部楔形，有时近于圆形，上面发亮，无毛，侧脉约7对，边缘有略钝的细锯齿，叶柄长7～8mm。花粉红色或白色，顶生，无柄，花瓣7片，花直径4～6cm；苞片及萼片8～9片，阔倒卵圆形，长4～15mm，有微毛；雄蕊3～4轮，长1.5～2cm，外轮花丝连成短管，无毛；子房有毛，3室，花柱长2cm，先端3浅裂。

【应用价值】属于观赏类花卉植物。

【资源分布】目前杭州西湖风景名胜区，有1株美人茶古树，位于西湖孤山中山公园内。

【趣闻轶事】西湖孤山的中山公园纪念亭旁有一株美人茶古树，树龄已有100年。每当11月便盛开红花，花期一直可以延续到翌年3月。在寒冬腊月里，当其他树木花草落叶凋零之际，这株高大的美人茶却能葱翠油绿，生机勃勃。其花朵颜色艳丽、气质优雅，既能暖春争艳，又能傲雪严冬。

美人茶因花期长达半年，陆游曾写诗称赞到："雪里开花到春晚，世间耐久孰如君"。

中山公园纪念亭旁的美人茶古树，树龄100年

# 43 石榴

科 属 石榴科石榴属　学 名 *Punica granatum*

【形态特征】落叶灌木或小乔木。树冠丛状自然圆头形。树根黄褐色。生长强健，根际易生根蘖。树高可达5~7m，一般3~4m，但矮生石榴仅高约1m或更矮。树干呈灰褐色，上有瘤状突起，干多向左方扭转。树冠内分枝多，嫩枝有棱，多呈方形。小枝柔韧，不易折断。一次枝在生长旺盛的小枝上交错对生，具小刺。刺的长短与品种和生长情况有关。旺树多刺，老树少刺。芽色随季节而变化，有紫、绿、橙三色。叶对生或簇生，呈长披针形至长圆形，或椭圆状披针形，长2~8cm，宽1~2cm，顶端尖，表面有光泽，背面中脉凸起；有短叶柄。花两性，花多红色，也有白色和黄、粉红、玛瑙等色。雄蕊多数，花丝无毛。雌蕊具花柱1个，长度超过雄蕊，心皮4~8，子房下位。成熟后变成大型而多室、多籽的浆果，每室内有多数籽粒；外种皮肉质，呈鲜红、淡红或白色，多汁，甜而带酸，即为可食用的部分；内种皮为角质，也有退化变软的，即软籽石榴。

【应用价值】多作观赏、食用。

【资源分布】目前杭州西湖风景名胜区有1株石榴古树，位于三潭印月先贤祠附近。

【趣闻轶事】在杭州三潭印月先贤祠南侧有一株百年石榴树，花果艳丽，火红可爱。因为石榴多籽，所以这株古石榴树又被老百姓们当作多福多寿、儿孙满堂的象征。1988年杭州遭遇大台风来袭，这株古石榴树也被大风吹倒，好在它"多福多贵"，虽然主树干逐渐埋入地下，但是树梢和树体上的不定芽、侧芽萌发。30多年过去了，依然长势健壮。

石榴原产波斯一带，公元前2世纪传入中国。相传汉代时期，张骞出使西域，到了涂林安石国，将该国的石榴种子带回国内，所以石榴也叫做安石

榴。石榴首先在西汉帝都长安种植，当时的皇家花园上林苑内有奇花异卉三千株，其中石榴就有十株。因得到汉武帝的喜爱，又命人将石榴栽种于骊山温泉宫内。

西晋时期，文坛非常流行写关于石榴的诗词歌赋。潘岳《安石榴赋》云："榴者，下之奇树，九州之名果。华实并丽，滋味亦殊。商秋受气收华敛实，千房同蒂，千子如一。缤纷磊落，垂光耀质，味浸液，馨香流溢。"唐代韩愈把石榴和甘蔗汁媲美，赞它"味美蔗为浆"。也有人把它比作珊瑚，说是"攒青叶里珊瑚朵，疑是移根金碧丛"。诗人以奇才妙笔，把石榴的花果状态，色味香型，描写得淋漓尽致，美不胜收。

三潭印月先贤祠南侧的石榴古树，树龄110年

# 44 梧桐

科 属 梧桐科梧桐属　学 名 *Firmiana platanifolia*

【形态特征】落叶乔木。嫩枝和叶柄多少有黄褐色短柔毛，枝内白色中髓有淡黄色薄片横隔。叶片宽卵形、卵形、三角状卵形或卵状椭圆形，顶端渐尖，基部截形或宽楔形，很少近心形，全缘或有波状齿，两面疏生短柔毛或近无毛。伞房状聚伞花序顶生或腋生；花萼紫红色，5裂几达基部；花冠白色或带粉红色；花柱不超出雄蕊。核果近球形，成熟时蓝紫色。

【应用价值】多为行道树及庭园绿化观赏树。

【资源分布】目前杭州西湖风景名胜区有1株梧桐古树，树龄150年，位于灵隐法净寺东侧林地中。

【趣闻轶事】在灵隐法净寺东侧的林地中，有一株高约25m的百年梧桐树，其亭亭玉立，叶翠枝青，树皮光滑翠绿，树叶茂密，显得清雅洁净。

梧桐树是我国有诗文记载的最早的树种之一。先秦时期的《诗经》中有"凤凰鸣矣，于彼高岗。梧桐生矣，于彼朝阳"之句。传说中凤凰只在梧桐树上栖息，因此，梧桐被认为是吉祥、昌盛的象征。

汉代开始，梧桐树被植于皇家宫苑。《西京杂记》记载："上林苑桐三，椅桐、梧桐、荆桐。"大规模种植梧桐树则是前秦王苻坚，《晋书·苻坚载记》载"坚以凤凰非梧桐不栖，非竹实不食，乃植桐竹数十万株，于阿房城以待之"。

自此之后梧桐树在中国文坛中的地位开始丰富起来。南唐后主李煜有词说，"无言独上西楼，月如钩。寂寞梧桐深院锁清秋"。李后主所作此词，描写了孤身登楼的身影，借用梧桐树来揭示内心深处隐寓的孤寂与凄婉；白居易在《长恨歌》中关于对梧桐的描写："春风桃李花开日，秋雨梧桐叶落时。"诗人将春风桃李与秋雨梧桐相对比，以昔日的盛况和眼前的凄凉作对比，形象鲜明地描写了唐明皇和杨贵妃之间的爱情故事及悲惨结局；罗贯中在《三国演义》第三十七回里，有这样一段描述：凤翱翔于千仞兮，非梧不栖；士伏处于一方兮，非主不依。乐躬耕于陇亩兮，吾爱吾庐；聊寄傲于琴书兮，以待天时。"是诸葛亮出山之前写的《凤翔轩》，以梧桐而明志。

灵隐法净寺东侧的梧桐古树，树龄150年

# 45 木香

科 属 蔷薇科蔷薇属　学 名 *Rosa banksiae*

【形态特征】攀缘小灌木，高可达6m；小枝圆柱形，无毛，有短小皮刺；小叶3~5，叶片椭圆状卵形或长圆披针形，花小形，多朵组成伞形花序，萼片卵形，花瓣重瓣至半重瓣，白色，倒卵形。花期4~5月。生溪边、路旁或山坡灌丛中。

【应用价值】花含芳香油，可供配制香精化妆品用。著名观赏植物，适作绿篱和棚架。根和叶入药。有收敛、止痢、止血作用。

【资源分布】目前杭州西湖风景名胜区有1株木香古树，位于北山路两岸咖啡的长廊上，树龄210年。

【趣闻轶事】在北山路两岸咖啡的长廊上，攀缘着一株树龄210年的木香，主干粗达20cm，每当春季来临，老树上便热烈绽放，白色的花朵团团簇簇拥满枝，远远看去，仿佛"瀑布"一泻而下。

木香是蔷薇科蔷薇属的常绿攀缘灌木，因花开之芬芳馥郁，因而得名木香。木香有着悠久的栽培历史。在宋代，人们把淡雅芬芳的木香比作兰花、牡丹一类的花中一品。文人墨客们对它赞赏不已。

宋代诗人刘敞曾写有木香诗一首："粉刺丛丛斗野芳，春风摇曳不成行。只因爱学宫妆样，分得梅花一半香。"赞美木香繁华似雪，芳香馥郁可和梅花媲美。明代的王象晋在《群芳谱》中以"香馥清远，高架万条，望若香雪"，来描述木香花盛开的壮观景象。现代作家汪曾祺的《昆明的雨》曾有关于木香花的诗句："浊酒一杯天过午，木香花湿雨沉沉"。借以表达自己内心平和旷达。

北山路两岸咖啡的长廊上攀援着的木香古树，树龄210年

# 46 黄檀

科 属 豆科黄檀属　学 名 *Dalbergia hupeana*

【形态特征】乔木，高10～20m；树皮暗灰色，呈薄片状剥落。幼枝淡绿色，无毛。羽状复叶长15～25cm；小叶3～5对，近革质，椭圆形至长圆状椭圆形，长3.5～6cm，宽2.5～4cm，先端钝或稍凹入，基部圆形或阔楔形，两面无毛，细脉隆起，上面有光泽。

【应用价值】木材黄白色或黄淡褐色，结构细密，质硬重，切面光滑，耐冲击，不易磨损，富于弹性，材色美观悦目，油漆胶黏性好，是运动器械、玩具、雕刻及其他细木工优良用材。民间利用此材作斧头柄、农具等；果实可以榨油。

【资源分布】目前杭州西湖风景名胜区有1株黄檀古树，位于云栖竹径景区内。

【趣闻轶事】在靠近云栖竹径景区的中国农业科学院茶叶研究所旁有一株树龄160年的高大古树。每当春季万物复苏之际，周围大多数树木开始慢慢吐出新芽、重新萌发的时候，只有这株老树还纹丝不动，像是不知道春天已经到来了一样。当你以为它要永久沉睡之时，深春一场大雨倾头倒下，这时这株古树才会像打了激灵一般，缓缓苏醒，开始萌发新芽。原来这株奇特的古树便是黄檀树，又名"不知春"。

黄檀材质坚硬细腻，纹理清晰，不容易变形开裂，是制作高档家具的上佳材料。古代民间还经常利用黄檀木材制作斧头柄、农具等。常年使用都不易损坏。

中国农业科学院茶业研究所旁的黄檀古树，树龄160年

# 47 刺 槐

科 属　豆科刺槐属　学 名　*Robinia pseudoacacia*

【形态特征】树皮灰褐色至黑褐色，浅裂至深纵裂，稀光滑。原产于北美洲，现被广泛引种到亚洲、欧洲等地。刺槐树皮厚，暗色，纹裂多；树叶根部有一对1～2mm长的刺；花为白色，有香味，穗状花序；果实为荚果，每个果荚中有4～10粒种子。

【应用价值】刺槐花可食用，可产蜂蜜。

【资源分布】目前杭州西湖风景名胜区的吴山上有一株树龄在120年的刺槐树，该树高16m，平均冠幅8.5m，长势良好。

【趣闻轶事】刺槐是豆科刺槐属落叶乔木，树叶根部有一对刺，因此得名。又因其原产北美洲，18世纪末从欧洲引入中国，故又被人们称为洋槐。刺槐花产的蜂蜜甜度足，产量高。带有特有的刺槐清香，是我国出口创汇的上等蜂蜜。

1878年，中国驻日本大使将刺槐种子带回中国种植，取名"明石屋树"，当时只作为观赏植物。1897年德国入侵山东半岛，从德国引种刺槐在青岛广泛种植，当时的青岛也因此有了"洋槐半岛"之称。进入民国时期，刺槐逐渐开始在全国推广开来。

吴山上的刺槐古树，树龄 120 年

# 48 三角槭

科 属 槭树科槭属　学 名 *Acer buergerianum*

【形态特征】树皮褐色或深褐色，粗糙裂片向前伸，全缘或有不规则锯齿。果核凸出，果翅展开成锐角。

【应用价值】宜作庭荫树、行道树及护岸树种。也可栽作绿篱。

【资源分布】目前杭州西湖风景名胜区有三角槭古树10株，分布于杭州动物园、灵隐景区、云栖竹径等地，树龄最大1株为400年。

【趣闻轶事】三角槭是槭树科槭属植物。西湖风景名胜区目前共有三角槭古树10株，分散在湖滨、灵隐、云栖等地。其中年纪最大的当属梅家坞茶地内的古三角槭了，此树高16m，冠幅12.5m，需要两三人才能环抱。树龄达到了400岁。每当深秋季节，满树的叶片便从绿变红，灿若朝霞，艳如鲜花。

梅家坞茶地内的三角槭古树，树龄 400 年

# 49 南川柳

科 属 杨柳科柳属　学 名 *Salix rosthornii*

【形态特征】叶片披针形、椭圆状披针形或长圆形，稀椭圆形，先端渐尖，基部楔形，上面亮绿色，下面浅绿色，边缘有整齐的腺锯齿；叶柄有短柔毛，托叶偏卵形，有腺锯齿，早落；花与叶同时开放；疏花；苞片卵形，花具腹腺和背腺，形状多变化，子房狭卵形，花柱短，蒴果卵形，3～4月开花，5月结果。

【应用价值】南川柳枝繁叶茂，叶与花同时开放，极耐水淹，可片植于溪边、河岸带进行植被恢复。亦可培育成优良的园林观赏树种。

【资源分布】杭州西湖风景名胜区三潭印月岛上有7株南川柳古树。

【趣闻轶事】三潭印月，是杭州西湖十景之一，被誉为"西湖第一胜境"。三潭印月是西湖中最大的岛屿，风景秀丽、景色清幽，岸上金桂婆娑，柳绿花明，与雕栏画栋的建筑相映成趣。目前

三潭印月我心相印亭西侧的南川柳古树，树龄220年

三潭印月上共有13株古树，其中7株古树都为南川柳，树龄最大的一株为220年。这些南川柳大多都种植在水岸边，倾斜生长，树叶在微风中戏弄着荡漾的湖面，成为岛上一大特色景观。

为了使它们在台风和雨季时有较强的抗性，工作人员对它们采用了钢管支撑。同时，对部分树体中的空洞进行清理、消毒、修补，确保它们能正常生长。

三潭印月御碑亭边的南川柳古树，树龄100年

# 50 浙江柿

科 属 柿科柿属 学 名 *Diospyros japonica*

【形态特征】高可达12m；树皮带灰色，后变褐色，树干和老枝常散生分枝的刺；嫩枝稍被柔毛。叶近纸质或薄革质，形状变异多，通常倒卵形、卵形、椭圆形或长圆状披针形，先端钝、微凹或急尖，基部钝，圆形或近心形，两面多少被毛，中脉上面凹陷，下面凸起；叶柄长3~7mm。雄花小，生聚伞花序上，长约5mm；雌花单生，花萼绿色，花冠淡黄色，子房无毛，8室，花柱4。果球形，红色或褐色，直径1.5~2.5cm，8室，宿存萼革质，宽1.5~2.5cm，裂片叶状，多少反曲，钝头；果柄长3~8mm。

【应用价值】可用作栽培柿树的砧木。未熟果可提取柿漆，用途和柿树相同。果蒂亦入药。木材可作家具等用材。果实成熟时味清甜可食。

【资源分布】浙江柿也叫山柿，杭州西湖风景名胜区有浙江柿古树一株，位于云栖竹径内。高20.7m，胸径1.7m，冠幅9.6m。树龄达到了280年。因其年老，树身倾斜，当地管理部门为其安装了支撑。

云栖竹径内的浙江柿古树，树龄280年

149

# 51 圆 柏

科 属 柏科圆柏属　学 名 *Sabina chinensis*

【形态特征】有鳞形叶的小枝圆或近方形。叶在幼树上全为刺形，随着树龄的增长刺形叶逐渐被鳞形叶代替；刺形叶3叶轮生或交互对生，长6~12mm，斜展或近开展，上面有两条白色气孔带；鳞形叶交互对生，排列紧密，先端钝或微尖，背面近中部有椭圆形腺体。雌雄异株。球果近圆形，直径6~8mm，有白粉，熟时褐色，内有1~4（多为2~3）粒种子。

【应用价值】在庭园中用途极广。作绿篱、行道树，还可以作桩景、盆景材料。

【资源分布】杭州西湖风景名胜区孤山文澜阁内有2株圆柏古树。

【趣闻轶事】西湖孤山上的文澜阁内有两株圆柏古树，树龄120年。圆柏在古代叫桧树，是常绿乔木，圆柏生命顽强，寿高千古。早在公元前，众多古籍中就有圆柏的记载。在西周分封的各诸侯国里，其中就有以圆柏作为国名的，称为"桧国"。

西湖孤山上的文澜阁内的圆柏古树，树龄均为120年

西湖孤山上的文澜阁内的圆柏古树，
树龄均为120年

# ⑤② 响叶杨

科 属 杨柳科杨属　学 名 *Populus adenopoda*

【形态特征】乔木，高15～30m。树皮灰白色，树冠卵形。小枝较细，暗赤褐色，芽圆锥形，有黏质，叶片卵状圆形或卵形，先端长渐尖，边缘有内曲圆锯齿，齿端有腺点，上面深绿色，下面灰绿色，叶柄侧扁，苞片条裂，有长缘毛，花盘齿裂。花序轴有毛；蒴果卵状长椭圆形，种子倒卵状椭圆形。花期3～4月，果期4～5月。

【应用价值】木材白色，心材微红，干燥易裂，供建筑、器具、造纸等用；叶含挥发油0.25%，叶可作饲料。

【资源分布】灵隐上天竺内有1株响叶杨古树。

【趣闻轶事】响叶杨，又名风响树，因微风吹过，树叶会沙沙作响，故而得名。其实响叶杨发出响声，对它自身大有好处，可以有效吓走入侵它的害虫，从而起到保护自身的作用。目前灵隐上天竺内有一株响叶杨古树，树龄350年，树高15.3m，胸围2.1m，为二级古树。根据《浙江天目山药用植物志》记载，响叶杨的树叶、根、皮皆可入药，具有治风痹、四肢不遂的功效。

灵隐上天竺内的响叶杨古树，树龄350年（响叶杨春季景象）

# 53 豹皮樟

科 属 樟科木姜子属 学 名 *Litsea coreana* var. *sinensis*

【形态特征】常绿乔木，高可达5m，树皮灰色，顶芽卵圆形，叶片互生，长圆形或披针形，上面较光亮，幼时基部沿中脉有柔毛，叶柄上面有柔毛，下面无毛，羽状脉，叶柄无毛。伞形花序腋生，苞片交互对生，近圆形，花梗粗短，密被长柔毛；花被裂片卵形或椭圆形，果近球形，果梗颇粗壮。8～9月开花，翌年夏季结果。

【应用价值】豹皮樟根、叶入药，全年可采。

【资源分布】位于云栖竹径，树龄为一株为230年，另一株210年。

云栖竹径内的两株豹皮樟古树，一株树龄 230 年，一株 210 年

# 54 白栎

科 属 壳斗科栎属　学 名 *Quercus fabri*

【形态特征】高可达20m，树皮灰褐色，冬芽卵状圆锥形，芽鳞多数，叶片倒卵形、椭圆状倒卵形，叶缘具波状锯齿或粗钝锯齿，叶柄被棕黄色茸毛。花序轴被茸毛，壳斗杯形，包着坚果；小苞片卵状披针形，排列紧密，坚果长椭圆形或卵状长椭圆形，果脐突起。4月开花，10月结果。

【应用价值】白栎木质坚硬，树枝可培植香菇，果实可食用，果实的虫瘿可入药，有着较高的利用价值。

【资源分布】目前杭州西湖风景名胜区有2株

树龄在160年的白栎古树，1株树龄150年的白栎古树，都位于西湖孤山景点内。

【趣闻轶事】白栎的果实也叫橡子，其内含有大量的淀粉，可以磨成粉制作馒头等面食，也可以做成豆腐、粉条等。在有些地区，人们用白栎果酿酒或者榨油。历史上有众多史籍记载了人们采食白栎果的事迹，如《新唐书·杜甫传》记载："客秦州，负薪拾橡栗以自给。"唐张籍有诗云："岁暮锄犁倚空室，呼儿登山收橡实。"

西湖孤山景点内的2株白栎古树，树龄160年

西湖孤山景点内的白栎古树，树龄 150 年

# （55）鹅掌楸

科 属 木兰科鹅掌楸属　学 名 *Liriodendron chinense*

【形态特征】落叶大乔木，高可达40m，胸径可达1m以上，小枝灰色或灰褐色。叶形如马褂——叶片的顶部平截，犹如马褂的下摆；叶片的两侧平滑或略微弯曲，好像马褂的两腰；叶片的两侧端向外突出，仿佛是马褂伸出的两只袖子。故鹅掌楸又叫马褂木。花单生枝顶，花被片9枚，外轮3片萼状，绿色，内2轮花瓣状，黄绿色，基部有黄色条纹，形似郁金香。

【应用价值】鹅掌楸是珍贵的行道树和庭园观赏树种，栽种后能很快成荫，它也是建筑及制作家具的上好木材。

【资源分布】目前杭州西湖风景名胜区范围内的鹅掌楸古树有一株，位于毗邻钱塘江的浙江大学之江校区内，树高23m，冠幅17.5m，胸围3.6m。属于三级古树。

【趣闻轶事】鹅掌楸为木兰科鹅掌楸属的植物，因其叶片的形状像极了人们穿的马褂，故又称它为马褂木。它是古老的孑遗植物，化石证据表明在中生代白垩纪时的日本、格陵兰、意大利、法国地区有着该属植物的分布，到新生代第三纪时鹅掌楸属植物还有10余种，广布于北半球温带地区，而经历了第四纪的冰期之后，该属的大部分植物都灭绝了，只有两种存活了下来，即分布于我国和越南北部的鹅掌楸和分布于北美东南部的北美鹅掌楸。

鹅掌楸不但叶片奇特，花朵也是异常美丽。鹅掌楸的英文"Chinese Tulip Tree"。翻译过来便是中国郁金香树。它的花朵在4～5月间开花，金黄呈酒杯状。和郁金香还真有几分相似。

浙大之江校区内的鹅掌楸古树，树龄100年

# 56 红果榆

科 属 榆科榆属　学 名 *Ulmus szechuanica*

【形态特征】落叶乔木，树皮暗灰色、灰黑色或褐灰色。高可达28m，胸径可达80cm；叶倒卵形、椭圆状倒卵形；花在老枝上排成簇状聚伞花序；翅果近圆形或倒卵状圆形。花果期3～4月。

【应用价值】果形奇特，可作为园林观赏树种。木材可供制家具、农具、器具等用，树皮纤维可制绳索及人造棉。

【资源分布】目前杭州西湖风景名胜区共有两2株红果榆古树，1株位于灵隐寺，树龄达到300年，另1株位于云栖竹径，树龄180年。

【趣闻轶事】红果榆是榆科榆属植物，其树形婆娑，姿态优美。尤其是其特有的翅果，形状奇特。目前，国内的野生红果榆已经非常少，属于珍稀濒危植物。

云栖竹径的红果榆古树，树龄180年

## 57 日本五针松

科 属 松科松属　学 名 *Pinus parviflora*

【形态特征】乔木，在原产地高10～30m，胸径0.6～1.5m；幼树树皮淡灰色，平滑，大树树皮暗灰色，裂成鳞片状脱落；枝平展，树冠圆锥形；一年生枝幼嫩时绿色，后呈黄褐色。针叶5针一束，微弯曲，长3.5～5.5cm。球果卵圆形或卵状椭圆形，几无梗，熟时种鳞张开；种子为不规则倒卵圆形，近褐色，具黑色斑纹，长8～10mm，径约7mm，种翅宽6～8mm，连种子长1.8～2cm。

【应用价值】在建筑主要门庭、纪念性建筑物前对植，或植于主景树丛前，苍劲朴茂，古趣盎然。日本五针松经过加工，悬崖宛垂，石雅挺筑，为树桩盆景之珍品。

【资源分布】目前杭州西湖风景名胜区的2株日本五针松古树分别位于花港观鱼牡丹亭边和三潭印月。

三潭印月先贤祠东侧的日本五针松古树，树龄120年

牡丹亭前的日本五针松古树，树龄 100 年

# 58 日本柳杉

科 属 杉科柳杉属　学 名 *Cryptomeria japonica*

【形态特征】常绿乔木，树冠圆锥形。树皮暗褐色，侧枝密生。叶锥形，形状与柳杉相似，但其叶直伸，先端不内曲，略短，而且其叶片在冬季绿色不变。球花单性同株，花期3~4月，雄球花长圆形，集生于枝顶，雌球花近球形，单生于小枝顶端。球果球状，11月成熟。

【应用价值】日本柳杉树形圆满丰盈，高大雄伟，孤植、对植、行列种植与丛植都很适宜。

【资源分布】目前杭州西湖风景名胜区有日本柳杉古树2株，均位于云栖竹径内，其中1株树龄130年，另1株110年。

云栖竹径内日本柳杉古树，树龄130年

# 59 浙江红山茶

科 属 山茶科山茶属  学 名 *Camellia chekiangoleosa*

【形态特征】小乔木，高可6m，嫩枝无毛。叶革质，椭圆形或倒卵状椭圆形，长8～12cm，宽2.5～5.5cm。花红色，顶生或腋生单花，直径8～12cm，无柄。蒴果卵球形，果宽5～7cm，先端有短喙；种子每室3～8粒，长2cm。花期4月。

【应用价值】浙江红山茶是中国特有树种，集观赏、油用、药用于一身，是重要的油茶和茶花育种种质资源。具有重要的观赏价值和经济价值。

【资源分布】目前杭州西湖风景名胜区有浙江红山茶古树1株，位于灵隐上天竺仰家塘路边竹林处。

灵隐上天竺仰家塘路边竹林处的浙江红山茶古树

# 60 红楠

科 属 樟科润楠属　学 名 *Machilus thunbergii*

【形态特征】常绿乔木，高可达20m；树干粗短，胸径可达4m；树皮黄褐色；枝条多而伸展，鳞片棕色，革质，宽圆形，叶片先端短突尖或短渐尖，尖头钝，基部楔形，革质，上面黑绿色，下较淡，带粉白，叶柄比较纤细，花序顶生或在新枝上腋生，多花，苞片卵形，有棕红色贴伏茸毛；花被裂片长圆形，花丝无毛，退化雄蕊基部有硬毛；子房球形，花柱细长，果扁球形，果梗鲜红色。2月开花，7月结果。

【应用价值】可作为用材林和防风林树种，也可作为庭园树种。红楠木材光泽美丽，韧性强，材质优良，可用于建筑、桥梁、家具等。

【资源分布】在杭州西湖风景名胜区西面的六通宾馆内，有一株红楠古树，树龄110年，其高大通直，树冠枝簇紧凑优美，枝叶浓密，四季常青。每当春天发叶时，幼叶鲜红，色泽美丽。春季开花时，细小而金黄色的花朵，挂满枝头。夏季的蓝黑色果实与浓绿色的叶子相映，显得多姿多彩。

六通宾馆内的红楠古树，树龄110年

# 61 杭州榆

科 属 榆科榆属　学 名 *Ulmus changii*

【形态特征】落叶乔木，高可达20余米，胸径可达30cm；树皮暗灰色、灰褐色或灰黑色；冬芽卵圆形或近球形，无毛。叶卵形或卵状椭圆形，稀宽披针形或长圆状倒卵形，长3～11cm，宽1.7～4.5cm。花常自花芽抽出，在去年生枝上排成簇状聚伞花序，稀出自混合芽而散生新枝的基部或近基部。翅果长圆形或椭圆状长圆形。花果期3～4月。

【应用价值】木材坚实耐用，不挠裂，易加工，可作家具、器具、地板、车辆及建筑等用。

【资源分布】目前杭州西湖风景名胜区百年以上杭州榆古树1株，位于龙井茶室旁，树龄200年，胸围2.4m，平均冠幅19.5m，为三级古树。

龙井茶室开水房边南土堆上的1株杭州榆古树，树龄200年

# (62) 薄叶润楠

科 属 樟科润楠属　学 名 *Machilus leptophylla*

上天竺法喜寺的两株薄叶润楠古树，树龄 330 年

【形态特征】高大乔木，高可达28m；树皮灰褐色。枝粗壮，暗褐色，无毛。叶互生或在当年生枝上轮生，倒卵状长圆形，先端短渐尖，基部楔形，坚纸质，幼时下面全面被贴伏银色绢毛。圆锥花序6~10个，聚生嫩枝的基部，长8~12（15）cm，柔弱，多花，上部略增大，先端三角形，顶锐尖。果球形，直径约1cm；果梗长5~10mm。

【应用价值】广泛应用于家具制作和建筑装饰。是生产浆纸业、纤维板等工业原材料的优良树种。薄叶润楠是一种优良的庭园观赏、绿化树种，有很好的防风、固土能力。

【资源分布】在杭州上天竺法喜寺有两株薄叶润楠古树，树龄都有330年，其树形高大，枝繁叶茂，四季常青。

上天竺法喜寺的两株薄叶润楠古树，树龄330年

# 63 糙叶树

科 属 榆科糙叶树属　学 名 *Aphananthe aspera*

【形态特征】落叶乔木。叶卵形，春季开淡绿色小花，花单性，雌雄同株；雄花呈伞房花序，核果近球形或卵球形，紫黑色。

【资源分布】目前杭州西湖风景名胜区共有糙叶树古树11株，其中有7株位于云栖竹径内。

云栖竹径内的糙叶树古树

云栖竹径内的糙叶树古树

# 64 紫楠

**科 属** 樟科楠属　　**学 名** *Phoebe sheareri*

【形态特征】大灌木至乔木，高5～15m；树皮灰白色。小枝、叶柄及花序密被黄褐色或灰黑色柔毛或茸毛。叶革质，倒卵形、椭圆状倒卵形或阔倒披针形，长8～27cm，宽3.5～9cm，通常长12～18cm，宽4～7cm，先端突渐尖或突尾状渐尖，基部渐狭，上面完全无毛或沿脉上有毛，下面密被黄褐色长柔毛，少为短柔毛，中脉和侧脉上面下陷，侧脉每边8～13条，弧形，在边缘联结，横脉及小脉多而密集，结成明显网格状；叶柄长1～2.5cm。圆锥花序长7～15（18）cm，在顶端分枝；花长4～5mm；花被片近等大，卵形，两面被毛；能育雄蕊各轮花丝被毛，至少在基部被毛，第三轮特别密，腺体无柄，生于第三轮花丝基部，退化雄蕊花丝全被毛；子房球形，无毛，花柱通常直，柱头不明显或盘状。果卵形，长约1cm，直径5～6mm，果梗略增粗，被毛；宿存花被片卵形，两面被毛，松散；种子单胚性，两侧对称。花期4～5月，果期9～10月。

【应用价值】木材纹理直，结构细，质坚硬，耐腐性强，作建筑、造船、家具等用材。

【资源分布】杭州西湖风景名胜区有紫楠古树1株，位于灵隐景区，树龄200年。

灵隐景区的紫楠古树，树龄200年

# 65 浙江樟

科 属 樟科樟属　学 名 *Cinnamomum chekiangense*

【形态特征】常绿乔木，高可达20m，胸径可达50cm。树皮灰褐色，平滑或呈圆形片状剥落，有芳香及辛辣味。单叶，互生或近对生，薄革质，狭长，全缘，离基三出脉。圆锥状聚伞花序腋生于去年生枝上；花小，黄绿色。核果卵形至长卵形，熟时蓝黑色，微被白粉。花期4~5月，果期10月。

【应用价值】木材耐水湿，质地细腻坚硬，有香气，耐腐，防蛀，是造船、建筑、家具等的优良用材。树皮、枝叶、果实可提制芳香油供制香精等；干燥树皮与枝皮入药称"香桂皮"，具行气健胃、祛寒镇痛之功效，也可代桂皮作烹饪佐料。所释放的化学物质具净化空气与保健作用。

【资源分布】杭州西湖风景名胜区有浙江樟古树1株，位于杭州植物园教学院内，树龄100年。

杭州植物园教学院内的浙江樟古树，树龄100年

# 附录 1　　杭州西湖古树名木一览表

| 序号 | 名称 | 拉丁学名 | 科名 | 属名 | 古树等级 | 树龄（年） | 树高（m） | 胸围（m） | 冠幅（m） |
|---|---|---|---|---|---|---|---|---|---|
| 1 | 香樟 | *Cinnamomum camphora*（L.）J. Presl | 樟科 | 樟属 | 一级 | 1050 | 21.6 | 7 | 15 |
| 2 | 香樟 | *Cinnamomum camphora*（L.）J. Presl | 樟科 | 樟属 | 一级 | 1000 | 14.8 | 6.7 | 11.45 |
| 3 | 香樟 | *Cinnamomum camphora*（L.）J. Presl | 樟科 | 樟属 | 一级 | 810 | 30 | 4.8 | 17 |
| 4 | 香樟 | *Cinnamomum camphora*（L.）J. Presl | 樟科 | 樟属 | 一级 | 800 | 12 | 3.8 | 13.3 |
| 5 | 香樟 | *Cinnamomum camphora*（L.）J. Presl | 樟科 | 樟属 | 一级 | 800 | 26.2 | 4.4 | 24.05 |
| 6 | 香樟 | *Cinnamomum camphora*（L.）J. Presl | 樟科 | 樟属 | 一级 | 800 | 20.7 | 4.5 | 18.85 |
| 7 | 香樟 | *Cinnamomum camphora*（L.）J. Presl | 樟科 | 樟属 | 一级 | 800 | 16.4 | 4.6 | 17.4 |
| 8 | 香樟 | *Cinnamomum camphora*（L.）J. Presl | 樟科 | 樟属 | 一级 | 730 | 13.8 | 3.5 | 16.45 |
| 9 | 香樟 | *Cinnamomum camphora*（L.）J. Presl | 樟科 | 樟属 | 一级 | 730 | 15.5 | 3.6 | 20.5 |
| 10 | 香樟 | *Cinnamomum camphora*（L.）J. Presl | 樟科 | 樟属 | 一级 | 730 | 15.5 | 3.6 | 20.5 |
| 11 | 香樟 | *Cinnamomum camphora*（L.）J. Presl | 樟科 | 樟属 | 一级 | 730 | 12.5 | 4.4 | 13.9 |
| 12 | 香樟 | *Cinnamomum camphora*（L.）J. Presl | 樟科 | 樟属 | 一级 | 730 | 22.4 | 1.5 | 24.15 |
| 13 | 香樟 | *Cinnamomum camphora*（L.）J. Presl | 樟科 | 樟属 | 一级 | 730 | 20.2 | 3.18 | 18.75 |
| 14 | 香樟 | *Cinnamomum camphora*（L.）J. Presl | 樟科 | 樟属 | 一级 | 730 | 19.9 | 3.4 | 18.45 |
| 15 | 香樟 | *Cinnamomum camphora*（L.）J. Presl | 樟科 | 樟属 | 一级 | 730 | 18 | 4.9 | 18.15 |
| 16 | 香樟 | *Cinnamomum camphora*（L.）J. Presl | 樟科 | 樟属 | 一级 | 730 | 11 | 4.85 | 12.5 |
| 17 | 香樟 | *Cinnamomum camphora*（L.）J. Presl | 樟科 | 樟属 | 一级 | 730 | 10 | 3.2 | 9.5 |
| 18 | 香樟 | *Cinnamomum camphora*（L.）J. Presl | 樟科 | 樟属 | 一级 | 730 | 21 | 3.85 | 14.5 |
| 19 | 香樟 | *Cinnamomum camphora*（L.）J. Presl | 樟科 | 樟属 | 一级 | 730 | 18 | 3.2 | 11.5 |
| 20 | 香樟 | *Cinnamomum camphora*（L.）J. Presl | 樟科 | 樟属 | 一级 | 700 | 18.7 | 5 | 19.5 |
| 21 | 香樟 | *Cinnamomum camphora*（L.）J. Presl | 樟科 | 樟属 | 一级 | 700 | 13.1 | 4.68 | 14 |
| 22 | 香樟 | *Cinnamomum camphora*（L.）J. Presl | 樟科 | 樟属 | 一级 | 700 | 22 | 5.05 | 26 |
| 23 | 香樟 | *Cinnamomum camphora*（L.）J. Presl | 樟科 | 樟属 | 一级 | 630 | 20 | 3.6 | 15 |
| 24 | 香樟 | *Cinnamomum camphora*（L.）J. Presl | 樟科 | 樟属 | 一级 | 600 | 25.7 | 3.9 | 19.8 |
| 25 | 香樟 | *Cinnamomum camphora*（L.）J. Presl | 樟科 | 樟属 | 一级 | 530 | 15.5 | 4.35 | 18.3 |
| 26 | 香樟 | *Cinnamomum camphora*（L.）J. Presl | 樟科 | 樟属 | 一级 | 530 | 19.5 | 3.3 | 13 |
| 27 | 香樟 | *Cinnamomum camphora*（L.）J. Presl | 樟科 | 樟属 | 一级 | 510 | 16.4 | 3.6 | 9.9 |
| 28 | 香樟 | *Cinnamomum camphora*（L.）J. Presl | 樟科 | 樟属 | 一级 | 500 | 18.4 | 4.15 | 22.2 |
| 29 | 香樟 | *Cinnamomum camphora*（L.）J. Presl | 樟科 | 樟属 | 一级 | 500 | 16.3 | 4.47 | 21.75 |
| 30 | 香樟 | *Cinnamomum camphora*（L.）J. Presl | 樟科 | 樟属 | 一级 | 500 | 21 | 5.4 | 17 |
| 31 | 香樟 | *Cinnamomum camphora*（L.）J. Presl | 樟科 | 樟属 | 一级 | 500 | 12.7 | 2.02 | 13.5 |
| 32 | 香樟 | *Cinnamomum camphora*（L.）J. Presl | 樟科 | 樟属 | 一级 | 500 | 19.3 | 3.84 | 18.25 |
| 33 | 香樟 | *Cinnamomum camphora*（L.）J. Presl | 樟科 | 樟属 | 一级 | 500 | 13.4 | 4.73 | 16.9 |
| 34 | 香樟 | *Cinnamomum camphora*（L.）J. Presl | 樟科 | 樟属 | 一级 | 500 | 28.3 | 4.1 | 15.6 |
| 35 | 香樟 | *Cinnamomum camphora*（L.）J. Presl | 樟科 | 樟属 | 一级 | 500 | 22.4 | 6.26 | 28.8 |
| 36 | 香樟 | *Cinnamomum camphora*（L.）J. Presl | 樟科 | 樟属 | 一级 | 500 | 19.1 | 4.75 | 22.5 |
| 37 | 香樟 | *Cinnamomum camphora*（L.）J. Presl | 樟科 | 樟属 | 一级 | 500 | 24.7 | 3.8 | 22.3 |
| 38 | 香樟 | *Cinnamomum camphora*（L.）J. Presl | 樟科 | 樟属 | 一级 | 500 | 17.5 | 1.2 | 18.5 |
| 39 | 香樟 | *Cinnamomum camphora*（L.）J. Presl | 樟科 | 樟属 | 一级 | 500 | 19.9 | 3.7 | 18.95 |
| 40 | 香樟 | *Cinnamomum camphora*（L.）J. Presl | 樟科 | 樟属 | 一级 | 500 | 10.8 | 3.5 | 10.4 |
| 41 | 香樟 | *Cinnamomum camphora*（L.）J. Presl | 樟科 | 樟属 | 一级 | 500 | 21.6 | 3.75 | 26.05 |
| 42 | 香樟 | *Cinnamomum camphora*（L.）J. Presl | 樟科 | 樟属 | 二级 | 450 | 24.2 | 8.47 | 23.85 |

| 序号 | 名称 | 拉丁学名 | 科名 | 属名 | 古树等级 | 树龄（年） | 树高（m） | 胸围（m） | 冠幅（m） |
|---|---|---|---|---|---|---|---|---|---|
| 43 | 香樟 | *Cinnamomum camphora*（L.）J. Presl | 樟科 | 樟属 | 二级 | 400 | 13.7 | 3.38 | 10.5 |
| 44 | 香樟 | *Cinnamomum camphora*（L.）J. Presl | 樟科 | 樟属 | 二级 | 430 | 16 | 2.91 | 19.85 |
| 45 | 香樟 | *Cinnamomum camphora*（L.）J. Presl | 樟科 | 樟属 | 二级 | 430 | 15.8 | 2.71 | 10.3 |
| 46 | 香樟 | *Cinnamomum camphora*（L.）J. Presl | 樟科 | 樟属 | 二级 | 430 | 18.3 | 2.46 | 17.95 |
| 47 | 香樟 | *Cinnamomum camphora*（L.）J. Presl | 樟科 | 樟属 | 二级 | 425 | 25 | 3.6 | 19.65 |
| 48 | 香樟 | *Cinnamomum camphora*（L.）J. Presl | 樟科 | 樟属 | 二级 | 400 | 26.5 | 4.15 | 25.15 |
| 49 | 香樟 | *Cinnamomum camphora*（L.）J. Presl | 樟科 | 樟属 | 二级 | 400 | 20 | 5.3 | 23.65 |
| 50 | 香樟 | *Cinnamomum camphora*（L.）J. Presl | 樟科 | 樟属 | 二级 | 400 | 15.3 | 4.24 | 19.5 |
| 51 | 香樟 | *Cinnamomum camphora*（L.）J. Presl | 樟科 | 樟属 | 二级 | 400 | 18 | 3.5 | 19 |
| 52 | 香樟 | *Cinnamomum camphora*（L.）J. Presl | 樟科 | 樟属 | 二级 | 400 | 15.6 | 4 | 16.15 |
| 53 | 香樟 | *Cinnamomum camphora*（L.）J. Presl | 樟科 | 樟属 | 二级 | 350 | 5 | 3.05 | 2 |
| 54 | 香樟 | *Cinnamomum camphora*（L.）J. Presl | 樟科 | 樟属 | 二级 | 350 | 22.1 | 3.85 | 20.2 |
| 55 | 香樟 | *Cinnamomum camphora*（L.）J. Presl | 樟科 | 樟属 | 二级 | 350 | 19.4 | 3.8 | 17.65 |
| 56 | 香樟 | *Cinnamomum camphora*（L.）J. Presl | 樟科 | 樟属 | 二级 | 350 | 19.5 | 3.4 | 18.1 |
| 57 | 香樟 | *Cinnamomum camphora*（L.）J. Presl | 樟科 | 樟属 | 二级 | 330 | 24.2 | 2.24 | 23.75 |
| 58 | 香樟 | *Cinnamomum camphora*（L.）J. Presl | 樟科 | 樟属 | 二级 | 330 | 14.8 | 2.35 | 19.3 |
| 59 | 香樟 | *Cinnamomum camphora*（L.）J. Presl | 樟科 | 樟属 | 二级 | 310 | 20.9 | 4.5 | 14 |
| 60 | 香樟 | *Cinnamomum camphora*（L.）J. Presl | 樟科 | 樟属 | 二级 | 320 | 28 | 2.8 | 18 |
| 61 | 香樟 | *Cinnamomum camphora*（L.）J. Presl | 樟科 | 樟属 | 二级 | 320 | 26 | 2.2 | 16 |
| 62 | 香樟 | *Cinnamomum camphora*（L.）J. Presl | 樟科 | 樟属 | 二级 | 310 | 18.6 | 2.85 | 21.65 |
| 63 | 香樟 | *Cinnamomum camphora*（L.）J. Presl | 樟科 | 樟属 | 二级 | 310 | 18.6 | 2.95 | 20 |
| 64 | 香樟 | *Cinnamomum camphora*（L.）J. Presl | 樟科 | 樟属 | 二级 | 310 | 19 | 2.3 | 14.8 |
| 65 | 香樟 | *Cinnamomum camphora*（L.）J. Presl | 樟科 | 樟属 | 二级 | 310 | 13.1 | 1.97 | 13.45 |
| 66 | 香樟 | *Cinnamomum camphora*（L.）J. Presl | 樟科 | 樟属 | 二级 | 310 | 20.9 | 3.9 | 14.45 |
| 67 | 香樟 | *Cinnamomum camphora*（L.）J. Presl | 樟科 | 樟属 | 二级 | 310 | 27 | 4.2 | 25 |
| 68 | 香樟 | *Cinnamomum camphora*（L.）J. Presl | 樟科 | 樟属 | 二级 | 310 | 21.6 | 3.1 | 18.85 |
| 69 | 香樟 | *Cinnamomum camphora*（L.）J. Presl | 樟科 | 樟属 | 二级 | 300 | 21 | 2.16 | 14.4 |
| 70 | 香樟 | *Cinnamomum camphora*（L.）J. Presl | 樟科 | 樟属 | 二级 | 300 | 28.6 | 3.15 | 22.9 |
| 71 | 香樟 | *Cinnamomum camphora*（L.）J. Presl | 樟科 | 樟属 | 二级 | 300 | 33.1 | 4.58 | 28.25 |
| 72 | 香樟 | *Cinnamomum camphora*（L.）J. Presl | 樟科 | 樟属 | 二级 | 300 | 14 | 2.6 | 17.45 |
| 73 | 香樟 | *Cinnamomum camphora*（L.）J. Presl | 樟科 | 樟属 | 二级 | 300 | 17 | 3 | 15.7 |
| 74 | 香樟 | *Cinnamomum camphora*（L.）J. Presl | 樟科 | 樟属 | 二级 | 300 | 16.4 | 3 | 24.7 |
| 75 | 香樟 | *Cinnamomum camphora*（L.）J. Presl | 樟科 | 樟属 | 二级 | 300 | 13.5 | 2.4 | 18.3 |
| 76 | 香樟 | *Cinnamomum camphora*（L.）J. Presl | 樟科 | 樟属 | 二级 | 300 | 16.1 | 2.9 | 16.2 |
| 77 | 香樟 | *Cinnamomum camphora*（L.）J. Presl | 樟科 | 樟属 | 二级 | 300 | 14.6 | 2.85 | 14.75 |
| 78 | 香樟 | *Cinnamomum camphora*（L.）J. Presl | 樟科 | 樟属 | 二级 | 300 | 18.8 | 3.45 | 21.15 |
| 79 | 香樟 | *Cinnamomum camphora*（L.）J. Presl | 樟科 | 樟属 | 二级 | 300 | 14.3 | 2.42 | 8.8 |
| 80 | 香樟 | *Cinnamomum camphora*（L.）J. Presl | 樟科 | 樟属 | 二级 | 300 | 15 | 3.42 | 13.55 |
| 81 | 香樟 | *Cinnamomum camphora*（L.）J. Presl | 樟科 | 樟属 | 二级 | 300 | 12 | 3.88 | 24.25 |
| 82 | 香樟 | *Cinnamomum camphora*（L.）J. Presl | 樟科 | 樟属 | 二级 | 300 | 26.8 | 4.2 | 35.1 |
| 83 | 香樟 | *Cinnamomum camphora*（L.）J. Presl | 樟科 | 樟属 | 三级 | 280 | 18 | 2.2 | 14.5 |
| 84 | 香樟 | *Cinnamomum camphora*（L.）J. Presl | 樟科 | 樟属 | 三级 | 280 | 16.3 | 2.8 | 12.6 |
| 85 | 香樟 | *Cinnamomum camphora*（L.）J. Presl | 樟科 | 樟属 | 三级 | 280 | 19.2 | 2.8 | 17.5 |
| 86 | 香樟 | *Cinnamomum camphora*（L.）J. Presl | 樟科 | 樟属 | 三级 | 260 | 19.7 | 3.6 | 18.5 |
| 87 | 香樟 | *Cinnamomum camphora*（L.）J. Presl | 樟科 | 樟属 | 三级 | 260 | 33.1 | 3.5 | 18.4 |
| 88 | 香樟 | *Cinnamomum camphora*（L.）J. Presl | 樟科 | 樟属 | 三级 | 260 | 17 | 3.6 | 18 |
| 89 | 香樟 | *Cinnamomum camphora*（L.）J. Presl | 樟科 | 樟属 | 三级 | 260 | 23.7 | 3.5 | 19 |
| 90 | 香樟 | *Cinnamomum camphora*（L.）J. Presl | 樟科 | 樟属 | 三级 | 250 | 20.3 | 3.5 | 19.45 |
| 91 | 香樟 | *Cinnamomum camphora*（L.）J. Presl | 樟科 | 樟属 | 三级 | 250 | 18 | 3.3 | 12.6 |
| 92 | 香樟 | *Cinnamomum camphora*（L.）J. Presl | 樟科 | 樟属 | 三级 | 250 | 14 | 3.1 | 7 |

（续）

| 序号 | 名称 | 拉丁学名 | 科名 | 属名 | 古树等级 | 树龄（年） | 树高（m） | 胸围（m） | 冠幅（m） |
|---|---|---|---|---|---|---|---|---|---|
| 93 | 香樟 | *Cinnamomum camphora*（L.）J. Presl | 樟科 | 樟属 | 三级 | 250 | 22 | 3.25 | 18.65 |
| 94 | 香樟 | *Cinnamomum camphora*（L.）J. Presl | 樟科 | 樟属 | 三级 | 230 | 17.9 | 2.9 | 19.85 |
| 95 | 香樟 | *Cinnamomum camphora*（L.）J. Presl | 樟科 | 樟属 | 三级 | 230 | 29 | 2.7 | 14.2 |
| 96 | 香樟 | *Cinnamomum camphora*（L.）J. Presl | 樟科 | 樟属 | 三级 | 230 | 15 | 2.38 | 22.5 |
| 97 | 香樟 | *Cinnamomum camphora*（L.）J. Presl | 樟科 | 樟属 | 三级 | 220 | 18.5 | 3.1 | 16.45 |
| 98 | 香樟 | *Cinnamomum camphora*（L.）J. Presl | 樟科 | 樟属 | 三级 | 210 | 19.3 | 0.9 | 19.7 |
| 99 | 香樟 | *Cinnamomum camphora*（L.）J. Presl | 樟科 | 樟属 | 三级 | 210 | 22.3 | 3 | 20.4 |
| 100 | 香樟 | *Cinnamomum camphora*（L.）J. Presl | 樟科 | 樟属 | 三级 | 210 | 24.3 | 4 | 17.05 |
| 101 | 香樟 | *Cinnamomum camphora*（L.）J. Presl | 樟科 | 樟属 | 三级 | 210 | 22.2 | 4.1 | 16.9 |
| 102 | 香樟 | *Cinnamomum camphora*（L.）J. Presl | 樟科 | 樟属 | 三级 | 210 | 13.7 | 2.2 | 13.1 |
| 103 | 香樟 | *Cinnamomum camphora*（L.）J. Presl | 樟科 | 樟属 | 三级 | 210 | 19.3 | 2.88 | 17.95 |
| 104 | 香樟 | *Cinnamomum camphora*（L.）J. Presl | 樟科 | 樟属 | 三级 | 210 | 20.2 | 2.38 | 17.95 |
| 105 | 香樟 | *Cinnamomum camphora*（L.）J. Presl | 樟科 | 樟属 | 三级 | 210 | 19.3 | 2.85 | 26 |
| 106 | 香樟 | *Cinnamomum camphora*（L.）J. Presl | 樟科 | 樟属 | 三级 | 210 | 18.8 | 3.35 | 16.5 |
| 107 | 香樟 | *Cinnamomum camphora*（L.）J. Presl | 樟科 | 樟属 | 三级 | 210 | 20 | 3.6 | 19.3 |
| 108 | 香樟 | *Cinnamomum camphora*（L.）J. Presl | 樟科 | 樟属 | 三级 | 210 | 19.4 | 3.13 | 14 |
| 109 | 香樟 | *Cinnamomum camphora*（L.）J. Presl | 樟科 | 樟属 | 三级 | 210 | 23.6 | 2.95 | 14.5 |
| 110 | 香樟 | *Cinnamomum camphora*（L.）J. Presl | 樟科 | 樟属 | 三级 | 210 | 18.4 | 3.6 | 27 |
| 111 | 香樟 | *Cinnamomum camphora*（L.）J. Presl | 樟科 | 樟属 | 三级 | 210 | 19.5 | 2.75 | 17.5 |
| 112 | 香樟 | *Cinnamomum camphora*（L.）J. Presl | 樟科 | 樟属 | 三级 | 210 | 20.6 | 2.36 | 14.05 |
| 113 | 香樟 | *Cinnamomum camphora*（L.）J. Presl | 樟科 | 樟属 | 三级 | 210 | 20.7 | 2.84 | 15.9 |
| 114 | 香樟 | *Cinnamomum camphora*（L.）J. Presl | 樟科 | 樟属 | 三级 | 210 | 21.4 | 2.3 | 17.9 |
| 115 | 香樟 | *Cinnamomum camphora*（L.）J. Presl | 樟科 | 樟属 | 三级 | 210 | 29 | 3.09 | 29.5 |
| 116 | 香樟 | *Cinnamomum camphora*（L.）J. Presl | 樟科 | 樟属 | 三级 | 210 | 14.6 | 1.6 | 10.95 |
| 117 | 香樟 | *Cinnamomum camphora*（L.）J. Presl | 樟科 | 樟属 | 三级 | 210 | 18.5 | 3.1 | 20.35 |
| 118 | 香樟 | *Cinnamomum camphora*（L.）J. Presl | 樟科 | 樟属 | 三级 | 210 | 20.1 | 2.17 | 17.7 |
| 119 | 香樟 | *Cinnamomum camphora*（L.）J. Prcsl | 樟科 | 樟属 | 三级 | 210 | 21.8 | 4.06 | 33.5 |
| 120 | 香樟 | *Cinnamomum camphora*（L.）J. Presl | 樟科 | 樟属 | 三级 | 200 | 12.7 | 2.66 | 14.1 |
| 121 | 香樟 | *Cinnamomum camphora*（L.）J. Presl | 樟科 | 樟属 | 三级 | 200 | 13 | 2.3 | 15.4 |
| 122 | 香樟 | *Cinnamomum camphora*（L.）J. Presl | 樟科 | 樟属 | 三级 | 200 | 23.5 | 2.7 | 15.15 |
| 123 | 香樟 | *Cinnamomum camphora*（L.）J. Presl | 樟科 | 樟属 | 三级 | 200 | 23 | 2.95 | 16.25 |
| 124 | 香樟 | *Cinnamomum camphora*（L.）J. Presl | 樟科 | 樟属 | 三级 | 200 | 22 | 2.08 | 14.2 |
| 125 | 香樟 | *Cinnamomum camphora*（L.）J. Presl | 樟科 | 樟属 | 三级 | 200 | 15 | 2.1 | 9.25 |
| 126 | 香樟 | *Cinnamomum camphora*（L.）J. Presl | 樟科 | 樟属 | 三级 | 200 | 18 | 2.85 | 18.95 |
| 127 | 香樟 | *Cinnamomum camphora*（L.）J. Presl | 樟科 | 樟属 | 三级 | 200 | 16.4 | 2.3 | 14.1 |
| 128 | 香樟 | *Cinnamomum camphora*（L.）J. Presl | 樟科 | 樟属 | 三级 | 200 | 14.3 | 2.3 | 8.05 |
| 129 | 香樟 | *Cinnamomum camphora*（L.）J. Presl | 樟科 | 樟属 | 三级 | 190 | 18.9 | 3.4 | 23.1 |
| 130 | 香樟 | *Cinnamomum camphora*（L.）J. Presl | 樟科 | 樟属 | 三级 | 190 | 24 | 2.1 | 19.8 |
| 131 | 香樟 | *Cinnamomum camphora*（L.）J. Presl | 樟科 | 樟属 | 三级 | 190 | 23.9 | 3.1 | 17.4 |
| 132 | 香樟 | *Cinnamomum camphora*（L.）J. Presl | 樟科 | 樟属 | 三级 | 180 | 13.9 | 2.75 | 16.1 |
| 133 | 香樟 | *Cinnamomum camphora*（L.）J. Presl | 樟科 | 樟属 | 三级 | 180 | 35.3 | 2.7 | 22.95 |
| 134 | 香樟 | *Cinnamomum camphora*（L.）J. Presl | 樟科 | 樟属 | 三级 | 180 | 22.7 | 3.08 | 20.3 |
| 135 | 香樟 | *Cinnamomum camphora*（L.）J. Presl | 樟科 | 樟属 | 三级 | 180 | 16 | 2.1 | 15 |
| 136 | 香樟 | *Cinnamomum camphora*（L.）J. Presl | 樟科 | 樟属 | 三级 | 180 | 18 | 2.75 | 22.45 |
| 137 | 香樟 | *Cinnamomum camphora*（L.）J. Presl | 樟科 | 樟属 | 三级 | 180 | 19 | 2.7 | 20.2 |
| 138 | 香樟 | *Cinnamomum camphora*（L.）J. Presl | 樟科 | 樟属 | 三级 | 180 | 18 | 2.71 | 22.1 |
| 139 | 香樟 | *Cinnamomum camphora*（L.）J. Presl | 樟科 | 樟属 | 三级 | 180 | 17.1 | 2.3 | 15.1 |
| 140 | 香樟 | *Cinnamomum camphora*（L.）J. Presl | 樟科 | 樟属 | 三级 | 180 | 20.1 | 2.6 | 9.1 |
| 141 | 香樟 | *Cinnamomum camphora*（L.）J. Presl | 樟科 | 樟属 | 三级 | 180 | 16.2 | 2.65 | 11.25 |
| 142 | 香樟 | *Cinnamomum camphora*（L.）J. Presl | 樟科 | 樟属 | 三级 | 180 | 12.4 | 2.05 | 8.1 |

（续）

| 序号 | 名称 | 拉丁学名 | 科名 | 属名 | 古树等级 | 树龄（年） | 树高（m） | 胸围（m） | 冠幅（m） |
|---|---|---|---|---|---|---|---|---|---|
| 143 | 香樟 | *Cinnamomum camphora*（L.）J. Presl | 樟科 | 樟属 | 三级 | 180 | 11.2 | 2.5 | 11.85 |
| 144 | 香樟 | *Cinnamomum camphora*（L.）J. Presl | 樟科 | 樟属 | 三级 | 180 | 14.3 | 3.1 | 25.5 |
| 145 | 香樟 | *Cinnamomum camphora*（L.）J. Presl | 樟科 | 樟属 | 三级 | 180 | 14.9 | 3.2 | 16.45 |
| 146 | 香樟 | *Cinnamomum camphora*（L.）J. Presl | 樟科 | 樟属 | 三级 | 160 | 32.9 | 3 | 22.5 |
| 147 | 香樟 | *Cinnamomum camphora*（L.）J. Presl | 樟科 | 樟属 | 三级 | 160 | 20 | 3.7 | 18 |
| 148 | 香樟 | *Cinnamomum camphora*（L.）J. Presl | 樟科 | 樟属 | 三级 | 170 | 21 | 3.2 | 18.35 |
| 149 | 香樟 | *Cinnamomum camphora*（L.）J. Presl | 樟科 | 樟属 | 三级 | 160 | 22.4 | 2.74 | 17 |
| 150 | 香樟 | *Cinnamomum camphora*（L.）J. Presl | 樟科 | 樟属 | 三级 | 160 | 23.6 | 2.15 | 14.35 |
| 151 | 香樟 | *Cinnamomum camphora*（L.）J. Presl | 樟科 | 樟属 | 三级 | 160 | 23.3 | 3.39 | 20.5 |
| 152 | 香樟 | *Cinnamomum camphora*（L.）J. Presl | 樟科 | 樟属 | 三级 | 160 | 20.7 | 2.98 | 21.4 |
| 153 | 香樟 | *Cinnamomum camphora*（L.）J. Presl | 樟科 | 樟属 | 三级 | 160 | 16.5 | 3.1 | 24.5 |
| 154 | 香樟 | *Cinnamomum camphora*（L.）J. Presl | 樟科 | 樟属 | 三级 | 160 | 20.3 | 2.85 | 20.2 |
| 155 | 香樟 | *Cinnamomum camphora*（L.）J. Presl | 樟科 | 樟属 | 三级 | 160 | 21.3 | 2.9 | 22.5 |
| 156 | 香樟 | *Cinnamomum camphora*（L.）J. Presl | 樟科 | 樟属 | 三级 | 160 | 15.4 | 2.4 | 16.65 |
| 157 | 香樟 | *Cinnamomum camphora*（L.）J. Presl | 樟科 | 樟属 | 三级 | 160 | 17.7 | 2.3 | 12.1 |
| 158 | 香樟 | *Cinnamomum camphora*（L.）J. Presl | 樟科 | 樟属 | 三级 | 160 | 20.6 | 1.95 | 11.55 |
| 159 | 香樟 | *Cinnamomum camphora*（L.）J. Presl | 樟科 | 樟属 | 三级 | 160 | 17.6 | 2.4 | 20.5 |
| 160 | 香樟 | *Cinnamomum camphora*（L.）J. Presl | 樟科 | 樟属 | 三级 | 160 | 21.7 | 2.6 | 12.9 |
| 161 | 香樟 | *Cinnamomum camphora*（L.）J. Presl | 樟科 | 樟属 | 三级 | 160 | 16.9 | 3.1 | 19.4 |
| 162 | 香樟 | *Cinnamomum camphora*（L.）J. Presl | 樟科 | 樟属 | 三级 | 160 | 17.3 | 2.5 | 20 |
| 163 | 香樟 | *Cinnamomum camphora*（L.）J. Presl | 樟科 | 樟属 | 三级 | 160 | 19.2 | 2.85 | 22.6 |
| 164 | 香樟 | *Cinnamomum camphora*（L.）J. Presl | 樟科 | 樟属 | 三级 | 160 | 25 | 3.8 | 15.75 |
| 165 | 香樟 | *Cinnamomum camphora*（L.）J. Presl | 樟科 | 樟属 | 三级 | 160 | 25.4 | 3.2 | 21.85 |
| 166 | 香樟 | *Cinnamomum camphora*（L.）J. Presl | 樟科 | 樟属 | 三级 | 160 | 25.5 | 3.6 | 24.5 |
| 167 | 香樟 | *Cinnamomum camphora*（L.）J. Presl | 樟科 | 樟属 | 三级 | 160 | 24.71 | 3.11 | 24 |
| 168 | 香樟 | *Cinnamomum camphora*（L.）J. Presl | 樟科 | 樟属 | 三级 | 160 | 25.2 | 2.66 | 18.3 |
| 169 | 香樟 | *Cinnamomum camphora*（L.）J. Presl | 樟科 | 樟属 | 三级 | 160 | 22.3 | 1.88 | 15.2 |
| 170 | 香樟 | *Cinnamomum camphora*（L.）J. Presl | 樟科 | 樟属 | 三级 | 160 | 28 | 3.23 | 23.35 |
| 171 | 香樟 | *Cinnamomum camphora*（L.）J. Presl | 樟科 | 樟属 | 三级 | 160 | 20.4 | 2.64 | 20.95 |
| 172 | 香樟 | *Cinnamomum camphora*（L.）J. Presl | 樟科 | 樟属 | 三级 | 160 | 22 | 3.75 | 20 |
| 173 | 香樟 | *Cinnamomum camphora*（L.）J. Presl | 樟科 | 樟属 | 三级 | 160 | 11.1 | 4.25 | 6.25 |
| 174 | 香樟 | *Cinnamomum camphora*（L.）J. Presl | 樟科 | 樟属 | 三级 | 160 | 19 | 2.5 | 22.6 |
| 175 | 香樟 | *Cinnamomum camphora*（L.）J. Presl | 樟科 | 樟属 | 三级 | 160 | 11.1 | 4.25 | 6.25 |
| 176 | 香樟 | *Cinnamomum camphora*（L.）J. Presl | 樟科 | 樟属 | 三级 | 160 | 20.8 | 4.75 | 25.7 |
| 177 | 香樟 | *Cinnamomum camphora*（L.）J. Presl | 樟科 | 樟属 | 三级 | 160 | 20.6 | 2.23 | 10.65 |
| 178 | 香樟 | *Cinnamomum camphora*（L.）J. Presl | 樟科 | 樟属 | 三级 | 160 | 20.4 | 2.2 | 13.5 |
| 179 | 香樟 | *Cinnamomum camphora*（L.）J. Presl | 樟科 | 樟属 | 三级 | 160 | 11.3 | 2.41 | 7.55 |
| 180 | 香樟 | *Cinnamomum camphora*（L.）J. Presl | 樟科 | 樟属 | 三级 | 160 | 20.1 | 3.45 | 16 |
| 181 | 香樟 | *Cinnamomum camphora*（L.）J. Presl | 樟科 | 樟属 | 三级 | 160 | 23.3 | 3.3 | 25.55 |
| 182 | 香樟 | *Cinnamomum camphora*（L.）J. Presl | 樟科 | 樟属 | 三级 | 160 | 21.5 | 4.3 | 24.25 |
| 183 | 香樟 | *Cinnamomum camphora*（L.）J. Presl | 樟科 | 樟属 | 三级 | 160 | 13.5 | 4.2 | 20.8 |
| 184 | 香樟 | *Cinnamomum camphora*（L.）J. Presl | 樟科 | 樟属 | 三级 | 150 | 17.3 | 2.38 | 16.45 |
| 185 | 香樟 | *Cinnamomum camphora*（L.）J. Presl | 樟科 | 樟属 | 三级 | 150 | 23.2 | 2.7 | 16.15 |
| 186 | 香樟 | *Cinnamomum camphora*（L.）J. Presl | 樟科 | 樟属 | 三级 | 150 | 11.2 | 2 | 13.7 |
| 187 | 香樟 | *Cinnamomum camphora*（L.）J. Presl | 樟科 | 樟属 | 三级 | 150 | 16.3 | 3.1 | 17.9 |
| 188 | 香樟 | *Cinnamomum camphora*（L.）J. Presl | 樟科 | 樟属 | 三级 | 150 | 28 | 2.94 | 23.7 |
| 189 | 香樟 | *Cinnamomum camphora*（L.）J. Presl | 樟科 | 樟属 | 三级 | 150 | 15.2 | 2.28 | 20.2 |
| 190 | 香樟 | *Cinnamomum camphora*（L.）J. Presl | 樟科 | 樟属 | 三级 | 150 | 17.3 | 2.15 | 16 |
| 191 | 香樟 | *Cinnamomum camphora*（L.）J. Presl | 樟科 | 樟属 | 三级 | 150 | 24.6 | 2.97 | 21.8 |
| 192 | 香樟 | *Cinnamomum camphora*（L.）J. Presl | 樟科 | 樟属 | 三级 | 150 | 22 | 3.2 | 12 |

（续）

| 序号 | 名称 | 拉丁学名 | 科名 | 属名 | 古树等级 | 树龄（年） | 树高（m） | 胸围（m） | 冠幅（m） |
|---|---|---|---|---|---|---|---|---|---|
| 193 | 香樟 | *Cinnamomum camphora*（L.）J. Presl | 樟科 | 樟属 | 三级 | 150 | 27 | 2.35 | 29.5 |
| 194 | 香樟 | *Cinnamomum camphora*（L.）J. Presl | 樟科 | 樟属 | 三级 | 150 | 17.7 | 2.7 | 21.95 |
| 195 | 香樟 | *Cinnamomum camphora*（L.）J. Presl | 樟科 | 樟属 | 三级 | 150 | 11 | 2.7 | 15.15 |
| 196 | 香樟 | *Cinnamomum camphora*（L.）J. Presl | 樟科 | 樟属 | 三级 | 150 | 19.6 | 2.8 | 20.7 |
| 197 | 香樟 | *Cinnamomum camphora*（L.）J. Presl | 樟科 | 樟属 | 三级 | 140 | 23.9 | 3.35 | 17.7 |
| 198 | 香樟 | *Cinnamomum camphora*（L.）J. Presl | 樟科 | 樟属 | 三级 | 140 | 19.7 | 2.75 | 12.1 |
| 199 | 香樟 | *Cinnamomum camphora*（L.）J. Presl | 樟科 | 樟属 | 三级 | 140 | 24.3 | 2.2 | 10.95 |
| 200 | 香樟 | *Cinnamomum camphora*（L.）J. Presl | 樟科 | 樟属 | 三级 | 110 | 17.7 | 2.2 | 14.6 |
| 201 | 香樟 | *Cinnamomum camphora*（L.）J. Presl | 樟科 | 樟属 | 三级 | 130 | 23.8 | 2.75 | 20 |
| 202 | 香樟 | *Cinnamomum camphora*（L.）J. Presl | 樟科 | 樟属 | 三级 | 130 | 22.3 | 2.06 | 16.4 |
| 203 | 香樟 | *Cinnamomum camphora*（L.）J. Presl | 樟科 | 樟属 | 三级 | 130 | 19.6 | 2.55 | 13.85 |
| 204 | 香樟 | *Cinnamomum camphora*（L.）J. Presl | 樟科 | 樟属 | 三级 | 130 | 16.9 | 2.65 | 14.85 |
| 205 | 香樟 | *Cinnamomum camphora*（L.）J. Presl | 樟科 | 樟属 | 三级 | 130 | 16 | 2.1 | 11.5 |
| 206 | 香樟 | *Cinnamomum camphora*（L.）J. Presl | 樟科 | 樟属 | 三级 | 130 | 13.6 | 1.83 | 13.8 |
| 207 | 香樟 | *Cinnamomum camphora*（L.）J. Presl | 樟科 | 樟属 | 三级 | 130 | 14.5 | 2.25 | 15.3 |
| 208 | 香樟 | *Cinnamomum camphora*（L.）J. Presl | 樟科 | 樟属 | 三级 | 130 | 21.5 | 2 | 15.05 |
| 209 | 香樟 | *Cinnamomum camphora*（L.）J. Presl | 樟科 | 樟属 | 三级 | 130 | 20.1 | 1.83 | 15.75 |
| 210 | 香樟 | *Cinnamomum camphora*（L.）J. Presl | 樟科 | 樟属 | 三级 | 130 | 22.7 | 2.59 | 18.35 |
| 211 | 香樟 | *Cinnamomum camphora*（L.）J. Presl | 樟科 | 樟属 | 三级 | 130 | 9.3 | 1.73 | 12 |
| 212 | 香樟 | *Cinnamomum camphora*（L.）J. Presl | 樟科 | 樟属 | 三级 | 130 | 14.6 | 2 | 12 |
| 213 | 香樟 | *Cinnamomum camphora*（L.）J. Presl | 樟科 | 樟属 | 三级 | 130 | 18.5 | 2.65 | 16.15 |
| 214 | 香樟 | *Cinnamomum camphora*（L.）J. Presl | 樟科 | 樟属 | 三级 | 130 | 19 | 2.3 | 14.3 |
| 215 | 香樟 | *Cinnamomum camphora*（L.）J. Presl | 樟科 | 樟属 | 三级 | 130 | 18.9 | 2.43 | 19.2 |
| 216 | 香樟 | *Cinnamomum camphora*（L.）J. Presl | 樟科 | 樟属 | 三级 | 130 | 15.7 | 2.03 | 14 |
| 217 | 香樟 | *Cinnamomum camphora*（L.）J. Presl | 樟科 | 樟属 | 三级 | 130 | 18 | 2.85 | 10 |
| 218 | 香樟 | *Cinnamomum camphora*（L.）J. Presl | 樟科 | 樟属 | 三级 | 130 | 16 | 1.85 | 16 |
| 219 | 香樟 | *Cinnamomum camphora*（L.）J. Presl | 樟科 | 樟属 | 三级 | 130 | 15 | 2.1 | 16 |
| 220 | 香樟 | *Cinnamomum camphora*（L.）J. Presl | 樟科 | 樟属 | 三级 | 130 | 16.8 | 2.2 | 18.85 |
| 221 | 香樟 | *Cinnamomum camphora*（L.）J. Presl | 樟科 | 樟属 | 三级 | 130 | 14.7 | 1.92 | 9.15 |
| 222 | 香樟 | *Cinnamomum camphora*（L.）J. Presl | 樟科 | 樟属 | 三级 | 130 | 11 | 1.75 | 6.9 |
| 223 | 香樟 | *Cinnamomum camphora*（L.）J. Presl | 樟科 | 樟属 | 三级 | 130 | 8 | 2.1 | 7.45 |
| 224 | 香樟 | *Cinnamomum camphora*（L.）J. Presl | 樟科 | 樟属 | 三级 | 130 | 3.5 | 2.3 | 1 |
| 225 | 香樟 | *Cinnamomum camphora*（L.）J. Presl | 樟科 | 樟属 | 三级 | 130 | 23.7 | 1.9 | 21.25 |
| 226 | 香樟 | *Cinnamomum camphora*（L.）J. Presl | 樟科 | 樟属 | 三级 | 130 | 21.7 | 2.6 | 16 |
| 227 | 香樟 | *Cinnamomum camphora*（L.）J. Presl | 樟科 | 樟属 | 三级 | 130 | 23.4 | 2.9 | 16.5 |
| 228 | 香樟 | *Cinnamomum camphora*（L.）J. Presl | 樟科 | 樟属 | 三级 | 130 | 16.4 | 2.95 | 16 |
| 229 | 香樟 | *Cinnamomum camphora*（L.）J. Presl | 樟科 | 樟属 | 三级 | 130 | 16.2 | 2.45 | 9.75 |
| 230 | 香樟 | *Cinnamomum camphora*（L.）J. Presl | 樟科 | 樟属 | 三级 | 130 | 25.1 | 2.95 | 22.3 |
| 231 | 香樟 | *Cinnamomum camphora*（L.）J. Presl | 樟科 | 樟属 | 三级 | 130 | 24.4 | 2.75 | 18.5 |
| 232 | 香樟 | *Cinnamomum camphora*（L.）J. Presl | 樟科 | 樟属 | 三级 | 130 | 22.6 | 2.6 | 22.55 |
| 233 | 香樟 | *Cinnamomum camphora*（L.）J. Presl | 樟科 | 樟属 | 三级 | 130 | 19.4 | 3.6 | 16 |
| 234 | 香樟 | *Cinnamomum camphora*（L.）J. Presl | 樟科 | 樟属 | 三级 | 110 | 26 | 2.9 | 22 |
| 235 | 香樟 | *Cinnamomum camphora*（L.）J. Presl | 樟科 | 樟属 | 三级 | 120 | 14 | 2.6 | 18.35 |
| 236 | 香樟 | *Cinnamomum camphora*（L.）J. Presl | 樟科 | 樟属 | 三级 | 120 | 18.6 | 2.5 | 19.1 |
| 237 | 香樟 | *Cinnamomum camphora*（L.）J. Presl | 樟科 | 樟属 | 三级 | 120 | 22.9 | 2.9 | 20.9 |
| 238 | 香樟 | *Cinnamomum camphora*（L.）J. Presl | 樟科 | 樟属 | 三级 | 120 | 11.2 | 3.58 | 16.25 |
| 239 | 香樟 | *Cinnamomum camphora*（L.）J. Presl | 樟科 | 樟属 | 三级 | 120 | 25.1 | 4.6 | 22.05 |
| 240 | 香樟 | *Cinnamomum camphora*（L.）J. Presl | 樟科 | 樟属 | 三级 | 120 | 19.6 | 2.57 | 22.3 |
| 241 | 香樟 | *Cinnamomum camphora*（L.）J. Presl | 樟科 | 樟属 | 三级 | 120 | 25.9 | 3.2 | 21.5 |
| 242 | 香樟 | *Cinnamomum camphora*（L.）J. Presl | 樟科 | 樟属 | 三级 | 110 | 24.1 | 3.08 | 22 |

| 序号 | 名称 | 拉丁学名 | 科名 | 属名 | 古树等级 | 树龄（年） | 树高（m） | 胸围（m） | 冠幅（m） |
|---|---|---|---|---|---|---|---|---|---|
| 243 | 香樟 | *Cinnamomum camphora*（L.）J. Presl | 樟科 | 樟属 | 三级 | 110 | 20.1 | 2.5 | 19.75 |
| 244 | 香樟 | *Cinnamomum camphora*（L.）J. Presl | 樟科 | 樟属 | 三级 | 110 | 23.8 | 4.18 | 14.5 |
| 245 | 香樟 | *Cinnamomum camphora*（L.）J. Presl | 樟科 | 樟属 | 三级 | 110 | 18.4 | 2.15 | 10.8 |
| 246 | 香樟 | *Cinnamomum camphora*（L.）J. Presl | 樟科 | 樟属 | 三级 | 110 | 15.9 | 2.24 | 15.35 |
| 247 | 香樟 | *Cinnamomum camphora*（L.）J. Presl | 樟科 | 樟属 | 三级 | 110 | 12.6 | 2.35 | 15.1 |
| 248 | 香樟 | *Cinnamomum camphora*（L.）J. Presl | 樟科 | 樟属 | 三级 | 110 | 12.1 | 1.83 | 9.4 |
| 249 | 香樟 | *Cinnamomum camphora*（L.）J. Presl | 樟科 | 樟属 | 三级 | 110 | 21 | 2.65 | 18 |
| 250 | 香樟 | *Cinnamomum camphora*（L.）J. Presl | 樟科 | 樟属 | 三级 | 110 | 15.4 | 2.9 | 19.75 |
| 251 | 香樟 | *Cinnamomum camphora*（L.）J. Presl | 樟科 | 樟属 | 三级 | 110 | 17 | 2.1 | 12.5 |
| 252 | 香樟 | *Cinnamomum camphora*（L.）J. Presl | 樟科 | 樟属 | 三级 | 110 | 16.9 | 2.2 | 17 |
| 253 | 香樟 | *Cinnamomum camphora*（L.）J. Presl | 樟科 | 樟属 | 三级 | 110 | 15.5 | 3.15 | 20.7 |
| 254 | 香樟 | *Cinnamomum camphora*（L.）J. Presl | 樟科 | 樟属 | 三级 | 110 | 18.7 | 2.65 | 19.9 |
| 255 | 香樟 | *Cinnamomum camphora*（L.）J. Presl | 樟科 | 樟属 | 三级 | 110 | 25.4 | 2.85 | 23.5 |
| 256 | 香樟 | *Cinnamomum camphora*（L.）J. Presl | 樟科 | 樟属 | 三级 | 110 | 16.3 | 2.34 | 19.7 |
| 257 | 香樟 | *Cinnamomum camphora*（L.）J. Presl | 樟科 | 樟属 | 三级 | 110 | 13 | 2.1 | 15 |
| 258 | 香樟 | *Cinnamomum camphora*（L.）J. Presl | 樟科 | 樟属 | 三级 | 110 | 15.3 | 2.8 | 17.6 |
| 259 | 香樟 | *Cinnamomum camphora*（L.）J. Presl | 樟科 | 樟属 | 三级 | 110 | 17.1 | 2.8 | 17.5 |
| 260 | 香樟 | *Cinnamomum camphora*（L.）J. Presl | 樟科 | 樟属 | 三级 | 110 | 16.3 | 2.8 | 8.35 |
| 261 | 香樟 | *Cinnamomum camphora*（L.）J. Presl | 樟科 | 樟属 | 三级 | 110 | 23 | 2.6 | 18.5 |
| 262 | 香樟 | *Cinnamomum camphora*（L.）J. Presl | 樟科 | 樟属 | 三级 | 110 | 15 | 2 | 16.75 |
| 263 | 香樟 | *Cinnamomum camphora*（L.）J. Presl | 樟科 | 樟属 | 三级 | 110 | 22.8 | 7.6 | 20.6 |
| 264 | 香樟 | *Cinnamomum camphora*（L.）J. Presl | 樟科 | 樟属 | 三级 | 110 | 15.1 | 2.3 | 4.9 |
| 265 | 香樟 | *Cinnamomum camphora*（L.）J. Presl | 樟科 | 樟属 | 三级 | 110 | 18 | 2.4 | 12.2 |
| 266 | 香樟 | *Cinnamomum camphora*（L.）J. Presl | 樟科 | 樟属 | 三级 | 110 | 12.5 | 2.15 | 11.2 |
| 267 | 香樟 | *Cinnamomum camphora*（L.）J. Presl | 樟科 | 樟属 | 三级 | 110 | 18 | 2.2 | 11.1 |
| 268 | 香樟 | *Cinnamomum camphora*（L.）J. Presl | 樟科 | 樟属 | 三级 | 110 | 14.6 | 1.6 | 10.95 |
| 269 | 香樟 | *Cinnamomum camphora*（L.）J. Presl | 樟科 | 樟属 | 三级 | 110 | 24.6 | 2.3 | 14.2 |
| 270 | 香樟 | *Cinnamomum camphora*（L.）J. Presl | 樟科 | 樟属 | 三级 | 110 | 25.7 | 2.6 | 18.65 |
| 271 | 香樟 | *Cinnamomum camphora*（L.）J. Presl | 樟科 | 樟属 | 三级 | 110 | 17.3 | 2.45 | 15.7 |
| 272 | 香樟 | *Cinnamomum camphora*（L.）J. Presl | 樟科 | 樟属 | 三级 | 110 | 16.5 | 2.7 | 15 |
| 273 | 香樟 | *Cinnamomum camphora*（L.）J. Presl | 樟科 | 樟属 | 三级 | 110 | 17.5 | 2.04 | 17.8 |
| 274 | 香樟 | *Cinnamomum camphora*（L.）J. Presl | 樟科 | 樟属 | 三级 | 110 | 20.7 | 2.05 | 13.65 |
| 275 | 香樟 | *Cinnamomum camphora*（L.）J. Presl | 樟科 | 樟属 | 三级 | 110 | 22 | 3.25 | 29.5 |
| 276 | 香樟 | *Cinnamomum camphora*（L.）J. Presl | 樟科 | 樟属 | 三级 | 110 | 20 | 2.85 | 23 |
| 277 | 香樟 | *Cinnamomum camphora*（L.）J. Presl | 樟科 | 樟属 | 三级 | 110 | 21 | 2.9 | 10.3 |
| 278 | 香樟 | *Cinnamomum camphora*（L.）J. Presl | 樟科 | 樟属 | 三级 | 110 | 21.8 | 2.5 | 18.15 |
| 279 | 香樟 | *Cinnamomum camphora*（L.）J. Presl | 樟科 | 樟属 | 三级 | 110 | 17.7 | 2.62 | 15.4 |
| 280 | 香樟 | *Cinnamomum camphora*（L.）J. Presl | 樟科 | 樟属 | 三级 | 110 | 20 | 2.38 | 12.75 |
| 281 | 香樟 | *Cinnamomum camphora*（L.）J. Presl | 樟科 | 樟属 | 三级 | 100 | 18 | 2.85 | 14.75 |
| 282 | 香樟 | *Cinnamomum camphora*（L.）J. Presl | 樟科 | 樟属 | 三级 | 100 | 14 | 3.1 | 17.5 |
| 283 | 香樟 | *Cinnamomum camphora*（L.）J. Presl | 樟科 | 樟属 | 三级 | 100 | 15 | 4 | 15.5 |
| 284 | 香樟 | *Cinnamomum camphora*（L.）J. Presl | 樟科 | 樟属 | 三级 | 100 | 18 | 3 | 21 |
| 285 | 香樟 | *Cinnamomum camphora*（L.）J. Presl | 樟科 | 樟属 | 三级 | 100 | 14.3 | 2.5 | 11.05 |
| 286 | 香樟 | *Cinnamomum camphora*（L.）J. Presl | 樟科 | 樟属 | 三级 | 100 | 15 | 2.2 | 11.9 |
| 287 | 香樟 | *Cinnamomum camphora*（L.）J. Presl | 樟科 | 樟属 | 三级 | 100 | 16 | 2.55 | 15.05 |
| 288 | 香樟 | *Cinnamomum camphora*（L.）J. Presl | 樟科 | 樟属 | 三级 | 100 | 16 | 2 | 12.8 |
| 289 | 香樟 | *Cinnamomum camphora*（L.）J. Presl | 樟科 | 樟属 | 三级 | 100 | 17 | 2.45 | 16.05 |
| 290 | 香樟 | *Cinnamomum camphora*（L.）J. Presl | 樟科 | 樟属 | 三级 | 100 | 25.8 | 2.4 | 20.55 |
| 291 | 香樟 | *Cinnamomum camphora*（L.）J. Presl | 樟科 | 樟属 | 三级 | 100 | 20 | 3 | 23.3 |
| 292 | 香樟 | *Cinnamomum camphora*（L.）J. Presl | 樟科 | 樟属 | 三级 | 100 | 21 | 3.5 | 13.15 |

（续）

| 序号 | 名称 | 拉丁学名 | 科名 | 属名 | 古树等级 | 树龄（年） | 树高（m） | 胸围（m） | 冠幅（m） |
|---|---|---|---|---|---|---|---|---|---|
| 293 | 香樟 | *Cinnamomum camphora*（L.）J. Presl | 樟科 | 樟属 | 三级 | 100 | 15.9 | 2.65 | 8.75 |
| 294 | 香樟 | *Cinnamomum camphora*（L.）J. Presl | 樟科 | 樟属 | 三级 | 100 | 23.7 | 2.15 | 14.65 |
| 295 | 香樟 | *Cinnamomum camphora*（L.）J. Presl | 樟科 | 樟属 | 三级 | 100 | 22 | 2.9 | 22.6 |
| 296 | 香樟 | *Cinnamomum camphora*（L.）J. Presl | 樟科 | 樟属 | 三级 | 100 | 23.6 | 3.25 | 20.2 |
| 297 | 香樟 | *Cinnamomum camphora*（L.）J. Presl | 樟科 | 樟属 | 三级 | 100 | 22 | 3.3 | 21 |
| 298 | 香樟 | *Cinnamomum camphora*（L.）J. Presl | 樟科 | 樟属 | 三级 | 100 | 13.8 | 2.35 | 20.8 |
| 299 | 香樟 | *Cinnamomum camphora*（L.）J. Presl | 樟科 | 樟属 | 三级 | 100 | 15.4 | 2.55 | 16.7 |
| 300 | 香樟 | *Cinnamomum camphora*（L.）J. Presl | 樟科 | 樟属 | 三级 | 100 | 16.8 | 2.6 | 18.05 |
| 301 | 香樟 | *Cinnamomum camphora*（L.）J. Presl | 樟科 | 樟属 | 三级 | 100 | 22 | 3.1 | 16.95 |
| 302 | 香樟 | *Cinnamomum camphora*（L.）J. Presl | 樟科 | 樟属 | 三级 | 100 | 29.5 | 4.55 | 14 |
| 303 | 香樟 | *Cinnamomum camphora*（L.）J. Presl | 樟科 | 樟属 | 三级 | 100 | 16.3 | 2.5 | 15 |
| 304 | 香樟 | *Cinnamomum camphora*（L.）J. Presl | 樟科 | 樟属 | 三级 | 100 | 14.6 | 2.44 | 12.15 |
| 305 | 香樟 | *Cinnamomum camphora*（L.）J. Presl | 樟科 | 樟属 | 三级 | 100 | 25.2 | 3.5 | 25.95 |
| 306 | 香樟 | *Cinnamomum camphora*（L.）J. Presl | 樟科 | 樟属 | 三级 | 100 | 15 | 2.5 | 15 |
| 307 | 香樟 | *Cinnamomum camphora*（L.）J. Presl | 樟科 | 樟属 | 三级 | 100 | 15 | 2.63 | 14.5 |
| 308 | 香樟 | *Cinnamomum camphora*（L.）J. Presl | 樟科 | 樟属 | 三级 | 100 | 19 | 2.5 | 24.5 |
| 309 | 香樟 | *Cinnamomum camphora*（L.）J. Presl | 樟科 | 樟属 | 三级 | 100 | 20 | 2.92 | 14 |
| 310 | 香樟 | *Cinnamomum camphora*（L.）J. Presl | 樟科 | 樟属 | 三级 | 100 | 17 | 2.5 | 16.85 |
| 311 | 香樟 | *Cinnamomum camphora*（L.）J. Presl | 樟科 | 樟属 | 三级 | 100 | 18.8 | 2.7 | 19.5 |
| 312 | 香樟 | *Cinnamomum camphora*（L.）J. Presl | 樟科 | 樟属 | 三级 | 100 | 17 | 2.63 | 14.65 |
| 313 | 香樟 | *Cinnamomum camphora*（L.）J. Presl | 樟科 | 樟属 | 三级 | 100 | 14 | 4 | 15 |
| 314 | 香樟 | *Cinnamomum camphora*（L.）J. Presl | 樟科 | 樟属 | 三级 | 100 | 20 | 3.6 | 16.5 |
| 315 | 香樟 | *Cinnamomum camphora*（L.）J. Presl | 樟科 | 樟属 | 三级 | 100 | 31 | 3.2 | 27 |
| 316 | 香樟 | *Cinnamomum camphora*（L.）J. Presl | 樟科 | 樟属 | 三级 | 100 | 25 | 5.3 | 24 |
| 317 | 香樟 | *Cinnamomum camphora*（L.）J. Presl | 樟科 | 樟属 | 三级 | 100 | 28 | 3.15 | 17 |
| 318 | 香樟 | *Cinnamomum camphora*（L.）J. Presl | 樟科 | 樟属 | 三级 | 100 | 25 | 6.65 | 26.5 |
| 319 | 香樟 | *Cinnamomum camphora*（L.）J. Presl | 樟科 | 樟属 | 三级 | 100 | 22 | 3.4 | 16 |
| 320 | 香樟 | *Cinnamomum camphora*（L.）J. Presl | 樟科 | 樟属 | 三级 | 100 | 16 | 2.9 | 14 |
| 321 | 香樟 | *Cinnamomum camphora*（L.）J. Presl | 樟科 | 樟属 | 三级 | 100 | 26 | 3.7 | 23 |
| 322 | 香樟 | *Cinnamomum camphora*（L.）J. Presl | 樟科 | 樟属 | 三级 | 100 | 24 | 2.4 | 23 |
| 323 | 香樟 | *Cinnamomum camphora*（L.）J. Presl | 樟科 | 樟属 | 三级 | 100 | 18 | 2.35 | 15.5 |
| 324 | 香樟 | *Cinnamomum camphora*（L.）J. Presl | 樟科 | 樟属 | 三级 | 100 | 19 | 3.15 | 16.5 |
| 325 | 香樟 | *Cinnamomum camphora*（L.）J. Presl | 樟科 | 樟属 | 三级 | 100 | 17 | 3.45 | 14 |
| 326 | 香樟 | *Cinnamomum camphora*（L.）J. Presl | 樟科 | 樟属 | 三级 | 100 | 19 | 2.8 | 16.5 |
| 327 | 香樟 | *Cinnamomum camphora*（L.）J. Presl | 樟科 | 樟属 | 三级 | 100 | 27 | 4.2 | 19 |
| 328 | 香樟 | *Cinnamomum camphora*（L.）J. Presl | 樟科 | 樟属 | 三级 | 100 | 23 | 2.8 | 17.5 |
| 329 | 香樟 | *Cinnamomum camphora*（L.）J. Presl | 樟科 | 樟属 | 三级 | 100 | 24 | 3.75 | 19 |
| 330 | 香樟 | *Cinnamomum camphora*（L.）J. Presl | 樟科 | 樟属 | 三级 | 100 | 22 | 2.65 | 25.5 |
| 331 | 香樟 | *Cinnamomum camphora*（L.）J. Presl | 樟科 | 樟属 | 三级 | 100 | 21 | 2.8 | 15 |
| 332 | 香樟 | *Cinnamomum camphora*（L.）J. Presl | 樟科 | 樟属 | 三级 | 100 | 24 | 3.75 | 20 |
| 333 | 香樟 | *Cinnamomum camphora*（L.）J. Presl | 樟科 | 樟属 | 三级 | 100 | 18 | 3.45 | 21.5 |
| 334 | 香樟 | *Cinnamomum camphora*（L.）J. Presl | 樟科 | 樟属 | 三级 | 100 | 18 | 2.35 | 12 |
| 335 | 香樟 | *Cinnamomum camphora*（L.）J. Presl | 樟科 | 樟属 | 三级 | 100 | 19 | 2.8 | 15 |
| 336 | 香樟 | *Cinnamomum camphora*（L.）J. Presl | 樟科 | 樟属 | 三级 | 100 | 19 | 2.8 | 16.5 |
| 337 | 香樟 | *Cinnamomum camphora*（L.）J. Presl | 樟科 | 樟属 | 三级 | 100 | 19 | 3.15 | 18.5 |
| 338 | 香樟 | *Cinnamomum camphora*（L.）J. Presl | 樟科 | 樟属 | 三级 | 100 | 22 | 2.95 | 18 |
| 339 | 香樟 | *Cinnamomum camphora*（L.）J. Presl | 樟科 | 樟属 | 三级 | 100 | 27 | 2.9 | 19 |
| 340 | 香樟 | *Cinnamomum camphora*（L.）J. Presl | 樟科 | 樟属 | 三级 | 100 | 26 | 3.15 | 18 |
| 341 | 香樟 | *Cinnamomum camphora*（L.）J. Presl | 樟科 | 樟属 | 三级 | 100 | 22 | 3.15 | 21.5 |
| 342 | 香樟 | *Cinnamomum camphora*（L.）J. Presl | 樟科 | 樟属 | 三级 | 100 | 19 | 3.15 | 19 |

| 序号 | 名称 | 拉丁学名 | 科名 | 属名 | 古树等级 | 树龄（年） | 树高（m） | 胸围（m） | 冠幅（m） |
|---|---|---|---|---|---|---|---|---|---|
| 343 | 香樟 | *Cinnamomum camphora*（L.）J. Presl | 樟科 | 樟属 | 名木 | / | 12.4 | 0.95 | 9.25 |
| 344 | 香樟 | *Cinnamomum camphora*（L.）J. Presl | 樟科 | 樟属 | 名木 | / | 14.3 | 0.8 | 5.95 |
| 345 | 枫香 | *Liquidambar formosana* Hance | 金缕梅科 | 枫香属 | 一级 | 1030 | 34 | 4.1 | 28.2 |
| 346 | 枫香 | *Liquidambar formosana* Hance | 金缕梅科 | 枫香属 | 一级 | 1030 | 18.5 | 2.85 | 14.35 |
| 347 | 枫香 | *Liquidambar formosana* Hance | 金缕梅科 | 枫香属 | 一级 | 1030 | 7.5 | 3.18 | 1 |
| 348 | 枫香 | *Liquidambar formosana* Hance | 金缕梅科 | 枫香属 | 一级 | 1030 | 44.2 | 4.95 | 24.8 |
| 349 | 枫香 | *Liquidambar formosana* Hance | 金缕梅科 | 枫香属 | 一级 | 610 | 28.8 | 2.97 | 12.1 |
| 350 | 枫香 | *Liquidambar formosana* Hance | 金缕梅科 | 枫香属 | 一级 | 610 | 28.5 | 3.7 | 21.8 |
| 351 | 枫香 | *Liquidambar formosana* Hance | 金缕梅科 | 枫香属 | 一级 | 610 | 24 | 3.55 | 22.2 |
| 352 | 枫香 | *Liquidambar formosana* Hance | 金缕梅科 | 枫香属 | 一级 | 600 | 28 | 3.3 | 15.75 |
| 353 | 枫香 | *Liquidambar formosana* Hance | 金缕梅科 | 枫香属 | 一级 | 530 | 36.8 | 3.94 | 19.6 |
| 354 | 枫香 | *Liquidambar formosana* Hance | 金缕梅科 | 枫香属 | 一级 | 520 | 27.4 | 2.5 | 12.8 |
| 355 | 枫香 | *Liquidambar formosana* Hance | 金缕梅科 | 枫香属 | 一级 | 510 | 27.1 | 3.3 | 14.5 |
| 356 | 枫香 | *Liquidambar formosana* Hance | 金缕梅科 | 枫香属 | 二级 | 430 | 40.8 | 3.4 | 24 |
| 357 | 枫香 | *Liquidambar formosana* Hance | 金缕梅科 | 枫香属 | 二级 | 430 | 33 | 3.2 | 25.5 |
| 358 | 枫香 | *Liquidambar formosana* Hance | 金缕梅科 | 枫香属 | 二级 | 410 | 25.8 | 2.85 | 24 |
| 359 | 枫香 | *Liquidambar formosana* Hance | 金缕梅科 | 枫香属 | 二级 | 410 | 37.2 | 3.15 | 27 |
| 360 | 枫香 | *Liquidambar formosana* Hance | 金缕梅科 | 枫香属 | 二级 | 410 | 35 | 3.43 | 14.5 |
| 361 | 枫香 | *Liquidambar formosana* Hance | 金缕梅科 | 枫香属 | 二级 | 380 | 32.3 | 3.4 | 27 |
| 362 | 枫香 | *Liquidambar formosana* Hance | 金缕梅科 | 枫香属 | 二级 | 330 | 22.8 | 2.9 | 23 |
| 363 | 枫香 | *Liquidambar formosana* Hance | 金缕梅科 | 枫香属 | 二级 | 330 | 26.6 | 2.67 | 18 |
| 364 | 枫香 | *Liquidambar formosana* Hance | 金缕梅科 | 枫香属 | 二级 | 330 | 32.6 | 2.86 | 25 |
| 365 | 枫香 | *Liquidambar formosana* Hance | 金缕梅科 | 枫香属 | 二级 | 310 | 23.7 | 2.82 | 27 |
| 366 | 枫香 | *Liquidambar formosana* Hance | 金缕梅科 | 枫香属 | 二级 | 310 | 20.7 | 3 | 20.1 |
| 367 | 枫香 | *Liquidambar formosana* Hance | 金缕梅科 | 枫香属 | 二级 | 310 | 32.8 | 3.15 | 19.7 |
| 368 | 枫香 | *Liquidambar formosana* Hance | 金缕梅科 | 枫香属 | 二级 | 310 | 25.7 | 3.1 | 15.6 |
| 369 | 枫香 | *Liquidambar formosana* Hance | 金缕梅科 | 枫香属 | 二级 | 310 | 37 | 4.5 | 16.1 |
| 370 | 枫香 | *Liquidambar formosana* Hance | 金缕梅科 | 枫香属 | 三级 | 280 | 24.8 | 2.97 | 17.35 |
| 371 | 枫香 | *Liquidambar formosana* Hance | 金缕梅科 | 枫香属 | 三级 | 280 | 36 | 2.65 | 25 |
| 372 | 枫香 | *Liquidambar formosana* Hance | 金缕梅科 | 枫香属 | 三级 | 260 | 30.7 | 2.75 | 17.4 |
| 373 | 枫香 | *Liquidambar formosana* Hance | 金缕梅科 | 枫香属 | 三级 | 260 | 32.7 | 2.94 | 21.95 |
| 374 | 枫香 | *Liquidambar formosana* Hance | 金缕梅科 | 枫香属 | 三级 | 230 | 32.9 | 2.9 | 29.95 |
| 375 | 枫香 | *Liquidambar formosana* Hance | 金缕梅科 | 枫香属 | 三级 | 210 | 28.1 | 3 | 20.1 |
| 376 | 枫香 | *Liquidambar formosana* Hance | 金缕梅科 | 枫香属 | 三级 | 200 | 27.8 | 8 | 13.4 |
| 377 | 枫香 | *Liquidambar formosana* Hance | 金缕梅科 | 枫香属 | 三级 | 200 | 28 | 3.1 | 18.5 |
| 378 | 枫香 | *Liquidambar formosana* Hance | 金缕梅科 | 枫香属 | 三级 | 200 | 30 | 3.12 | 21 |
| 379 | 枫香 | *Liquidambar formosana* Hance | 金缕梅科 | 枫香属 | 三级 | 180 | 16.2 | 2.1 | 13 |
| 380 | 枫香 | *Liquidambar formosana* Hance | 金缕梅科 | 枫香属 | 三级 | 180 | 21.6 | 2.67 | 17 |
| 381 | 枫香 | *Liquidambar formosana* Hance | 金缕梅科 | 枫香属 | 三级 | 180 | 26.4 | 2.75 | 21.15 |
| 382 | 枫香 | *Liquidambar formosana* Hance | 金缕梅科 | 枫香属 | 三级 | 180 | 33 | 2.7 | 28.4 |
| 383 | 枫香 | *Liquidambar formosana* Hance | 金缕梅科 | 枫香属 | 三级 | 180 | 28.6 | 2.6 | 23 |
| 384 | 枫香 | *Liquidambar formosana* Hance | 金缕梅科 | 枫香属 | 三级 | 180 | 36 | 2.9 | 20.9 |
| 385 | 枫香 | *Liquidambar formosana* Hance | 金缕梅科 | 枫香属 | 三级 | 180 | 37.3 | 2.7 | 24.25 |
| 386 | 枫香 | *Liquidambar formosana* Hance | 金缕梅科 | 枫香属 | 三级 | 180 | 36.1 | 2.9 | 22 |
| 387 | 枫香 | *Liquidambar formosana* Hance | 金缕梅科 | 枫香属 | 三级 | 180 | 35.8 | 2.9 | 17 |
| 388 | 枫香 | *Liquidambar formosana* Hance | 金缕梅科 | 枫香属 | 三级 | 180 | 28.3 | 2.5 | 14.85 |
| 389 | 枫香 | *Liquidambar formosana* Hance | 金缕梅科 | 枫香属 | 三级 | 180 | 38.7 | 2.84 | 17.5 |
| 390 | 枫香 | *Liquidambar formosana* Hance | 金缕梅科 | 枫香属 | 三级 | 160 | 32 | 2.25 | 9.5 |
| 391 | 枫香 | *Liquidambar formosana* Hance | 金缕梅科 | 枫香属 | 三级 | 160 | 21.6 | 2.94 | 15.25 |
| 392 | 枫香 | *Liquidambar formosana* Hance | 金缕梅科 | 枫香属 | 三级 | 160 | 21.8 | 2.9 | 10.65 |

（续）

| 序号 | 名称 | 拉丁学名 | 科名 | 属名 | 古树等级 | 树龄（年） | 树高（m） | 胸围（m） | 冠幅（m） |
|---|---|---|---|---|---|---|---|---|---|
| 393 | 枫香 | *Liquidambar formosana* Hance | 金缕梅科 | 枫香属 | 三级 | 160 | 35.5 | 2.41 | 21.75 |
| 394 | 枫香 | *Liquidambar formosana* Hance | 金缕梅科 | 枫香属 | 三级 | 160 | 36.5 | 2.8 | 23.5 |
| 395 | 枫香 | *Liquidambar formosana* Hance | 金缕梅科 | 枫香属 | 三级 | 160 | 34.3 | 2.65 | 19.5 |
| 396 | 枫香 | *Liquidambar formosana* Hance | 金缕梅科 | 枫香属 | 三级 | 160 | 34.8 | 2.46 | 23.5 |
| 397 | 枫香 | *Liquidambar formosana* Hance | 金缕梅科 | 枫香属 | 三级 | 160 | 29 | 2.35 | 22.7 |
| 398 | 枫香 | *Liquidambar formosana* Hance | 金缕梅科 | 枫香属 | 三级 | 160 | 24 | 2.3 | 18.55 |
| 399 | 枫香 | *Liquidambar formosana* Hance | 金缕梅科 | 枫香属 | 三级 | 150 | 15.4 | 2.06 | 12.5 |
| 400 | 枫香 | *Liquidambar formosana* Hance | 金缕梅科 | 枫香属 | 三级 | 130 | 23.3 | 3.1 | 19 |
| 401 | 枫香 | *Liquidambar formosana* Hance | 金缕梅科 | 枫香属 | 三级 | 130 | 32.2 | 2.13 | 10.7 |
| 402 | 枫香 | *Liquidambar formosana* Hance | 金缕梅科 | 枫香属 | 三级 | 100 | 15 | 2.85 | 9 |
| 403 | 枫香 | *Liquidambar formosana* Hance | 金缕梅科 | 枫香属 | 三级 | 100 | 25 | 2.4 | 17 |
| 404 | 枫香 | *Liquidambar formosana* Hance | 金缕梅科 | 枫香属 | 三级 | 100 | 24 | 2.53 | 15.5 |
| 405 | 枫香 | *Liquidambar formosana* Hance | 金缕梅科 | 枫香属 | 三级 | 100 | 24 | 2.6 | 20 |
| 406 | 枫香 | *Liquidambar formosana* Hance | 金缕梅科 | 枫香属 | 三级 | 100 | 20 | 2.5 | 13 |
| 407 | 枫香 | *Liquidambar formosana* Hance | 金缕梅科 | 枫香属 | 三级 | 100 | 28 | 2.78 | 21.5 |
| 408 | 枫香 | *Liquidambar formosana* Hance | 金缕梅科 | 枫香属 | 三级 | 100 | 30 | 2.66 | 20.5 |
| 409 | 枫香 | *Liquidambar formosana* Hance | 金缕梅科 | 枫香属 | 三级 | 100 | 24 | 2.28 | 16.5 |
| 410 | 枫香 | *Liquidambar formosana* Hance | 金缕梅科 | 枫香属 | 三级 | 100 | 27 | 2.6 | 20 |
| 411 | 枫香 | *Liquidambar formosana* Hance | 金缕梅科 | 枫香属 | 三级 | 100 | 30 | 2.67 | 20 |
| 412 | 枫香 | *Liquidambar formosana* Hance | 金缕梅科 | 枫香属 | 三级 | 100 | 20 | 2.25 | 17 |
| 413 | 枫香 | *Liquidambar formosana* Hance | 金缕梅科 | 枫香属 | 三级 | 100 | 20 | 2.25 | 17 |
| 414 | 枫香 | *Liquidambar formosana* Hance | 金缕梅科 | 枫香属 | 三级 | 100 | 27 | 2.35 | 15.25 |
| 415 | 枫香 | *Liquidambar formosana* Hance | 金缕梅科 | 枫香属 | 三级 | 100 | 18 | 2.9 | 13 |
| 416 | 枫香 | *Liquidambar formosana* Hance | 金缕梅科 | 枫香属 | 三级 | 100 | 34 | 2.2 | 15.5 |
| 417 | 枫香 | *Liquidambar formosana* Hance | 金缕梅科 | 枫香属 | 三级 | 100 | 25 | 2.95 | 12.5 |
| 418 | 枫香 | *Liquidambar formosana* Hance | 金缕梅科 | 枫香属 | 三级 | 100 | 25.6 | 2.6 | 14.5 |
| 419 | 枫香 | *Liquidambar formosana* Hance | 金缕梅科 | 枫香属 | 三级 | 100 | 19 | 2.6 | 17.5 |
| 420 | 珊瑚朴 | *Celtis julianae* C.K.Schneid. | 榆科 | 朴属 | 一级 | 530 | 7.5 | 2.6 | 6.9 |
| 421 | 珊瑚朴 | *Celtis julianae* C.K.Schneid. | 榆科 | 朴属 | 三级 | 280 | 16.7 | 1.84 | 10.25 |
| 422 | 珊瑚朴 | *Celtis julianae* C.K.Schneid. | 榆科 | 朴属 | 三级 | 240 | 26.3 | 2.7 | 24 |
| 423 | 珊瑚朴 | *Celtis julianae* C.K.Schneid. | 榆科 | 朴属 | 三级 | 240 | 25.3 | 3.8 | 14.5 |
| 424 | 珊瑚朴 | *Celtis julianae* C.K.Schneid. | 榆科 | 朴属 | 三级 | 230 | 24.3 | 2.85 | 24.35 |
| 425 | 珊瑚朴 | *Celtis julianae* C.K.Schneid. | 榆科 | 朴属 | 三级 | 230 | 13.8 | 3.2 | 15 |
| 426 | 珊瑚朴 | *Celtis julianae* C.K.Schneid. | 榆科 | 朴属 | 三级 | 210 | 8.8 | 2.87 | 17 |
| 427 | 珊瑚朴 | *Celtis julianae* C.K.Schneid. | 榆科 | 朴属 | 三级 | 210 | 19.4 | 3.6 | 13.5 |
| 428 | 珊瑚朴 | *Celtis julianae* C.K.Schneid. | 榆科 | 朴属 | 三级 | 210 | 36 | 2.2 | 12.5 |
| 429 | 珊瑚朴 | *Celtis julianae* C.K.Schneid. | 榆科 | 朴属 | 三级 | 200 | 28 | 1.97 | 18.2 |
| 430 | 珊瑚朴 | *Celtis julianae* C.K.Schneid. | 榆科 | 朴属 | 三级 | 200 | 25.6 | 2.53 | 18.7 |
| 431 | 珊瑚朴 | *Celtis julianae* C.K.Schneid. | 榆科 | 朴属 | 三级 | 190 | 24.3 | 3.1 | 18.7 |
| 432 | 珊瑚朴 | *Celtis julianae* C.K.Schneid. | 榆科 | 朴属 | 三级 | 180 | 19.6 | 2.4 | 15.5 |
| 433 | 珊瑚朴 | *Celtis julianae* C.K.Schneid. | 榆科 | 朴属 | 三级 | 180 | 28.3 | 2.45 | 26 |
| 434 | 珊瑚朴 | *Celtis julianae* C.K.Schneid. | 榆科 | 朴属 | 三级 | 180 | 26.7 | 2.36 | 25.5 |
| 435 | 珊瑚朴 | *Celtis julianae* C.K.Schneid. | 榆科 | 朴属 | 三级 | 180 | 22.9 | 2.8 | 12.95 |
| 436 | 珊瑚朴 | *Celtis julianae* C.K.Schneid. | 榆科 | 朴属 | 三级 | 160 | 27.7 | 2.93 | 18 |
| 437 | 珊瑚朴 | *Celtis julianae* C.K.Schneid. | 榆科 | 朴属 | 三级 | 160 | 28 | 3.1 | 17 |
| 438 | 珊瑚朴 | *Celtis julianae* C.K.Schneid. | 榆科 | 朴属 | 三级 | 160 | 22.5 | 2.5 | 12.15 |
| 439 | 珊瑚朴 | *Celtis julianae* C.K.Schneid. | 榆科 | 朴属 | 三级 | 160 | 22.6 | 2.23 | 16.05 |
| 440 | 珊瑚朴 | *Celtis julianae* C.K.Schneid. | 榆科 | 朴属 | 三级 | 160 | 22.1 | 2.2 | 12.5 |
| 441 | 珊瑚朴 | *Celtis julianae* C.K.Schneid. | 榆科 | 朴属 | 三级 | 150 | 24.1 | 2.31 | 12.2 |
| 442 | 珊瑚朴 | *Celtis julianae* C.K.Schneid. | 榆科 | 朴属 | 三级 | 150 | 20 | 2.4 | 19 |

| 序号 | 名称 | 拉丁学名 | 科名 | 属名 | 古树等级 | 树龄（年） | 树高（m） | 胸围（m） | 冠幅（m） |
|---|---|---|---|---|---|---|---|---|---|
| 443 | 珊瑚朴 | *Celtis julianae* C.K.Schneid. | 榆科 | 朴属 | 三级 | 130 | 21.1 | 2.45 | 15.9 |
| 444 | 珊瑚朴 | *Celtis julianae* C.K.Schneid. | 榆科 | 朴属 | 三级 | 130 | 25.5 | 2.31 | 13 |
| 445 | 珊瑚朴 | *Celtis julianae* C.K.Schneid. | 榆科 | 朴属 | 三级 | 130 | 23.2 | 2.35 | 18.8 |
| 446 | 珊瑚朴 | *Celtis julianae* C.K.Schneid. | 榆科 | 朴属 | 三级 | 130 | 23.1 | 2.55 | 10.4 |
| 447 | 珊瑚朴 | *Celtis julianae* C.K.Schneid. | 榆科 | 朴属 | 三级 | 130 | 24 | 3.1 | 23.5 |
| 448 | 珊瑚朴 | *Celtis julianae* C.K.Schneid. | 榆科 | 朴属 | 三级 | 130 | 24 | 2.3 | 15.5 |
| 449 | 珊瑚朴 | *Celtis julianae* C.K.Schneid. | 榆科 | 朴属 | 三级 | 130 | 19 | 2.3 | 17.5 |
| 450 | 珊瑚朴 | *Celtis julianae* C.K.Schneid. | 榆科 | 朴属 | 三级 | 130 | 21 | 1.75 | 11.5 |
| 451 | 珊瑚朴 | *Celtis julianae* C.K.Schneid. | 榆科 | 朴属 | 三级 | 130 | 25 | 3.62 | 15.5 |
| 452 | 珊瑚朴 | *Celtis julianae* C.K.Schneid. | 榆科 | 朴属 | 三级 | 130 | 30 | 1.8 | 15.5 |
| 453 | 珊瑚朴 | *Celtis julianae* C.K.Schneid. | 榆科 | 朴属 | 三级 | 130 | 22 | 1.85 | 11.5 |
| 454 | 珊瑚朴 | *Celtis julianae* C.K.Schneid. | 榆科 | 朴属 | 三级 | 130 | 21.9 | 2.1 | 11.85 |
| 455 | 珊瑚朴 | *Celtis julianae* C.K.Schneid. | 榆科 | 朴属 | 三级 | 130 | 20 | 2.86 | 20.15 |
| 456 | 珊瑚朴 | *Celtis julianae* C.K.Schneid. | 榆科 | 朴属 | 三级 | 120 | 17 | 2.3 | 15.15 |
| 457 | 珊瑚朴 | *Celtis julianae* C.K.Schneid. | 榆科 | 朴属 | 三级 | 110 | 26.8 | 2.7 | 14.45 |
| 458 | 珊瑚朴 | *Celtis julianae* C.K.Schneid. | 榆科 | 朴属 | 三级 | 110 | 28.6 | 2.5 | 16.4 |
| 459 | 珊瑚朴 | *Celtis julianae* C.K.Schneid. | 榆科 | 朴属 | 三级 | 100 | 24.2 | 2.3 | 20.95 |
| 460 | 珊瑚朴 | *Celtis julianae* C.K.Schneid. | 榆科 | 朴属 | 三级 | 100 | 26 | 2.2 | 16.5 |
| 461 | 珊瑚朴 | *Celtis julianae* C.K.Schneid. | 榆科 | 朴属 | 三级 | 100 | 26 | 3.6 | 16.5 |
| 462 | 珊瑚朴 | *Celtis julianae* C.K.Schneid. | 榆科 | 朴属 | 三级 | 100 | 18 | 2.2 | 19.5 |
| 463 | 珊瑚朴 | *Celtis julianae* C.K.Schneid. | 榆科 | 朴属 | 三级 | 100 | 23 | 2.34 | 22.8 |
| 464 | 银杏 | *Ginkgo biloba* L. | 银杏科 | 银杏属 | 一级 | 1410 | 24 | 10.18 | 16.45 |
| 465 | 银杏 | *Ginkgo biloba* L. | 银杏科 | 银杏属 | 一级 | 800 | 25.4 | 4.8 | 21 |
| 466 | 银杏 | *Ginkgo biloba* L. | 银杏科 | 银杏属 | 一级 | 800 | 26.9 | 4.1 | 19.6 |
| 467 | 银杏 | *Ginkgo biloba* L. | 银杏科 | 银杏属 | 一级 | 630 | 19.9 | 3.3 | 10 |
| 468 | 银杏 | *Ginkgo biloba* L. | 银杏科 | 银杏属 | 一级 | 500 | 18.3 | 3.2 | 8.3 |
| 469 | 银杏 | *Ginkgo biloba* L. | 银杏科 | 银杏属 | 一级 | 500 | 18.9 | 3.1 | 18.6 |
| 470 | 银杏 | *Ginkgo biloba* L. | 银杏科 | 银杏属 | 二级 | 430 | 20.9 | 3.4 | 7.9 |
| 471 | 银杏 | *Ginkgo biloba* L. | 银杏科 | 银杏属 | 二级 | 400 | 28.7 | 2.95 | 10.75 |
| 472 | 银杏 | *Ginkgo biloba* L. | 银杏科 | 银杏属 | 二级 | 310 | 20.6 | 3 | 13.5 |
| 473 | 银杏 | *Ginkgo biloba* L. | 银杏科 | 银杏属 | 二级 | 320 | 26 | 3.55 | 10.75 |
| 474 | 银杏 | *Ginkgo biloba* L. | 银杏科 | 银杏属 | 二级 | 300 | 20.4 | 2.4 | 14.5 |
| 475 | 银杏 | *Ginkgo biloba* L. | 银杏科 | 银杏属 | 二级 | 300 | 12.3 | 1.4 | 11 |
| 476 | 银杏 | *Ginkgo biloba* L. | 银杏科 | 银杏属 | 二级 | 300 | 28.3 | 2.4 | 15.75 |
| 477 | 银杏 | *Ginkgo biloba* L. | 银杏科 | 银杏属 | 二级 | 300 | 24.3 | 1.41 | 19.95 |
| 478 | 银杏 | *Ginkgo biloba* L. | 银杏科 | 银杏属 | 三级 | 260 | 15.7 | 2.95 | 15 |
| 479 | 银杏 | *Ginkgo biloba* L. | 银杏科 | 银杏属 | 三级 | 240 | 21.4 | 2.47 | 11.35 |
| 480 | 银杏 | *Ginkgo biloba* L. | 银杏科 | 银杏属 | 三级 | 240 | 20.2 | 2.18 | 11.6 |
| 481 | 银杏 | *Ginkgo biloba* L. | 银杏科 | 银杏属 | 三级 | 230 | 35.2 | 3.05 | 10.85 |
| 482 | 银杏 | *Ginkgo biloba* L. | 银杏科 | 银杏属 | 三级 | 230 | 19.8 | 0.88 | 10.2 |
| 483 | 银杏 | *Ginkgo biloba* L. | 银杏科 | 银杏属 | 三级 | 210 | 16.8 | 1.84 | 8.7 |
| 484 | 银杏 | *Ginkgo biloba* L. | 银杏科 | 银杏属 | 三级 | 210 | 22.8 | 2.43 | 13.9 |
| 485 | 银杏 | *Ginkgo biloba* L. | 银杏科 | 银杏属 | 三级 | 200 | 10.6 | 1.7 | 7.55 |
| 486 | 银杏 | *Ginkgo biloba* L. | 银杏科 | 银杏属 | 三级 | 180 | 22.7 | 2.46 | 21 |
| 487 | 银杏 | *Ginkgo biloba* L. | 银杏科 | 银杏属 | 三级 | 160 | 20 | 2.29 | 12.85 |
| 488 | 银杏 | *Ginkgo biloba* L. | 银杏科 | 银杏属 | 三级 | 130 | 17 | 2.2 | 13.8 |
| 489 | 银杏 | *Ginkgo biloba* L. | 银杏科 | 银杏属 | 三级 | 110 | 21 | 1.55 | 11.2 |
| 490 | 银杏 | *Ginkgo biloba* L. | 银杏科 | 银杏属 | 三级 | 110 | 28 | 2.2 | 11 |
| 491 | 银杏 | *Ginkgo biloba* L. | 银杏科 | 银杏属 | 三级 | 110 | 27 | 2.45 | 19 |
| 492 | 银杏 | *Ginkgo biloba* L. | 银杏科 | 银杏属 | 三级 | 100 | 17.8 | 2.6 | 10.05 |

（续）

| 序号 | 名称 | 拉丁学名 | 科名 | 属名 | 古树等级 | 树龄（年） | 树高（m） | 胸围（m） | 冠幅（m） |
|---|---|---|---|---|---|---|---|---|---|
| 493 | 银杏 | *Ginkgo biloba* L. | 银杏科 | 银杏属 | 三级 | 100 | 20.8 | 2 | 12.3 |
| 494 | 银杏 | *Ginkgo biloba* L. | 银杏科 | 银杏属 | 三级 | 100 | 12.7 | 2.85 | 4 |
| 495 | 苦槠 | *Castanopsis sclerophylla* （Lindl.） Schottky | 壳斗科 | 栲属 | 一级 | 810 | 13 | 4.2 | 7.25 |
| 496 | 苦槠 | *Castanopsis sclerophylla* （Lindl.） Schottky | 壳斗科 | 栲属 | 一级 | 610 | 20 | 3.45 | 13.8 |
| 497 | 苦槠 | *Castanopsis sclerophylla* （Lindl.） Schottky | 壳斗科 | 栲属 | 一级 | 610 | 15.5 | 3.1 | 7.5 |
| 498 | 苦槠 | *Castanopsis sclerophylla* （Lindl.） Schottky | 壳斗科 | 栲属 | 一级 | 600 | 15.5 | 3.27 | 15 |
| 499 | 苦槠 | *Castanopsis sclerophylla* （Lindl.） Schottky | 壳斗科 | 栲属 | 一级 | 610 | 22.3 | 1.35 | 14 |
| 500 | 苦槠 | *Castanopsis sclerophylla* （Lindl.） Schottky | 壳斗科 | 栲属 | 一级 | 510 | 22 | 3.5 | 15.5 |
| 501 | 苦槠 | *Castanopsis sclerophylla* （Lindl.） Schottky | 壳斗科 | 栲属 | 一级 | 500 | 15.2 | 2.47 | 7.5 |
| 502 | 苦槠 | *Castanopsis sclerophylla* （Lindl.） Schottky | 壳斗科 | 栲属 | 二级 | 430 | 17.8 | 3.6 | 11.4 |
| 503 | 苦槠 | *Castanopsis sclerophylla* （Lindl.） Schottky | 壳斗科 | 栲属 | 二级 | 430 | 17.5 | 3.4 | 7.75 |
| 504 | 苦槠 | *Castanopsis sclerophylla* （Lindl.） Schottky | 壳斗科 | 栲属 | 二级 | 400 | 24 | 4.6 | 18.25 |
| 505 | 苦槠 | *Castanopsis sclerophylla* （Lindl.） Schottky | 壳斗科 | 栲属 | 二级 | 400 | 14 | 3.5 | 13.5 |
| 506 | 苦槠 | *Castanopsis sclerophylla* （Lindl.） Schottky | 壳斗科 | 栲属 | 二级 | 360 | 14.1 | 3.9 | 13.85 |
| 507 | 苦槠 | *Castanopsis sclerophylla* （Lindl.） Schottky | 壳斗科 | 栲属 | 二级 | 360 | 12.3 | 3 | 9.2 |
| 508 | 苦槠 | *Castanopsis sclerophylla* （Lindl.） Schottky | 壳斗科 | 栲属 | 二级 | 330 | 25.6 | 2.95 | 17.15 |
| 509 | 苦槠 | *Castanopsis sclerophylla* （Lindl.） Schottky | 壳斗科 | 栲属 | 二级 | 330 | 30.2 | 3.1 | 16.85 |
| 510 | 苦槠 | *Castanopsis sclerophylla* （Lindl.） Schottky | 壳斗科 | 栲属 | 二级 | 330 | 8.4 | 1.05 | 8 |
| 511 | 苦槠 | *Castanopsis sclerophylla* （Lindl.） Schottky | 壳斗科 | 栲属 | 二级 | 310 | 20 | 3.3 | 16.5 |
| 512 | 苦槠 | *Castanopsis sclerophylla* （Lindl.） Schottky | 壳斗科 | 栲属 | 二级 | 300 | 16 | 3 | 4.75 |
| 513 | 苦槠 | *Castanopsis sclerophylla* （Lindl.） Schottky | 壳斗科 | 栲属 | 三级 | 230 | 25.5 | 3.1 | 19.85 |
| 514 | 苦槠 | *Castanopsis sclerophylla* （Lindl.） Schottky | 壳斗科 | 栲属 | 三级 | 160 | 20.6 | 2.25 | 16 |
| 515 | 苦槠 | *Castanopsis sclerophylla* （Lindl.） Schottky | 壳斗科 | 栲属 | 三级 | 160 | 25 | 2.7 | 14 |
| 516 | 苦槠 | *Castanopsis sclerophylla* （Lindl.） Schottky | 壳斗科 | 栲属 | 三级 | 160 | 27 | 2.6 | 17.25 |
| 517 | 苦槠 | *Castanopsis sclerophylla* （Lindl.） Schottky | 壳斗科 | 栲属 | 三级 | 150 | 17 | 2.45 | 14.15 |
| 518 | 苦槠 | *Castanopsis sclerophylla* （Lindl.） Schottky | 壳斗科 | 栲属 | 三级 | 140 | 20 | 2 | 12.5 |
| 519 | 苦槠 | *Castanopsis sclerophylla* （Lindl.） Schottky | 壳斗科 | 栲属 | 三级 | 130 | 12 | 1.95 | 15 |
| 520 | 苦槠 | *Castanopsis sclerophylla* （Lindl.） Schottky | 壳斗科 | 栲属 | 三级 | 130 | 16.2 | 2.2 | 13 |
| 521 | 苦槠 | *Castanopsis sclerophylla* （Lindl.） Schottky | 壳斗科 | 栲属 | 三级 | 110 | 15.4 | 2 | 11.1 |
| 522 | 苦槠 | *Castanopsis sclerophylla* （Lindl.） Schottky | 壳斗科 | 栲属 | 三级 | 100 | 15 | 1.61 | 8.25 |
| 523 | 苦槠 | *Castanopsis sclerophylla* （Lindl.） Schottky | 壳斗科 | 栲属 | 三级 | 100 | 15 | 1.6 | 8.5 |
| 524 | 苦槠 | *Castanopsis sclerophylla* （Lindl.） Schottky | 壳斗科 | 栲属 | 三级 | 100 | 20 | 2.3 | 16 |
| 525 | 苦槠 | *Castanopsis sclerophylla* （Lindl.） Schottky | 壳斗科 | 栲属 | 三级 | 100 | 12 | 2.5 | 15.5 |
| 526 | 桂花 | *Osmanthus fragrans* （Thunb.） Lour. | 木樨科 | 木樨属 | 三级 | 110 | 12 | 1.55 | 12.5 |
| 527 | 桂花 | *Osmanthus fragrans* （Thunb.） Lour. | 木樨科 | 木樨属 | 三级 | 110 | 10 | 1.92 | 14.8 |
| 528 | 桂花 | *Osmanthus fragrans* （Thunb.） Lour. | 木樨科 | 木樨属 | 三级 | 110 | 7 | 0.98 | 5 |
| 529 | 桂花 | *Osmanthus fragrans* （Thunb.） Lour. | 木樨科 | 木樨属 | 三级 | 210 | 19.8 | 0.88 | 10.2 |
| 530 | 桂花 | *Osmanthus fragrans* （Thunb.） Lour. | 木樨科 | 木樨属 | 三级 | 160 | 13 | 1.58 | 10.85 |
| 531 | 桂花 | *Osmanthus fragrans* （Thunb.） Lour. | 木樨科 | 木樨属 | 三级 | 160 | 4.4 | 0.77 | 4.15 |
| 532 | 桂花 | *Osmanthus fragrans* （Thunb.） Lour. | 木樨科 | 木樨属 | 三级 | 210 | 5.3 | 1.1 | 5.35 |
| 533 | 桂花 | *Osmanthus fragrans* （Thunb.） Lour. | 木樨科 | 木樨属 | 三级 | 110 | 11 | 1.4 | 5.15 |
| 534 | 桂花 | *Osmanthus fragrans* （Thunb.） Lour. | 木樨科 | 木樨属 | 三级 | 175 | 18.7 | 1.25 | 9.85 |
| 535 | 桂花 | *Osmanthus fragrans* （Thunb.） Lour. | 木樨科 | 木樨属 | 三级 | 100 | 9 | 2.2 | 10.5 |
| 536 | 桂花 | *Osmanthus fragrans* （Thunb.） Lour. | 木樨科 | 木樨属 | 三级 | 210 | 15 | 2.3 | 10.3 |
| 537 | 桂花 | *Osmanthus fragrans* （Thunb.） Lour. | 木樨科 | 木樨属 | 三级 | 230 | 14 | 2.7 | 13 |
| 538 | 桂花 | *Osmanthus fragrans* （Thunb.） Lour. | 木樨科 | 木樨属 | 三级 | 250 | 5.5 | 1.22 | 4.35 |
| 539 | 桂花 | *Osmanthus fragrans* （Thunb.） Lour. | 木樨科 | 木樨属 | 三级 | 250 | 4.7 | 1.8 | 2.35 |
| 540 | 桂花 | *Osmanthus fragrans* （Thunb.） Lour. | 木樨科 | 木樨属 | 三级 | 100 | 9 | 1.54 | 9.25 |
| 541 | 桂花 | *Osmanthus fragrans* （Thunb.） Lour. | 木樨科 | 木樨属 | 三级 | 100 | 7.6 | 1.3 | 8.6 |
| 542 | 桂花 | *Osmanthus fragrans* （Thunb.） Lour. | 木樨科 | 木樨属 | 三级 | 100 | 6.2 | 0.9 | 5.25 |

| 序号 | 名称 | 拉丁学名 | 科名 | 属名 | 古树等级 | 树龄（年） | 树高（m） | 胸围（m） | 冠幅（m） |
|---|---|---|---|---|---|---|---|---|---|
| 543 | 桂花 | *Osmanthus fragrans*（Thunb.）Lour. | 木樨科 | 木樨属 | 三级 | 100 | 9.2 | 0.9 | 8.4 |
| 544 | 桂花 | *Osmanthus fragrans*（Thunb.）Lour. | 木樨科 | 木樨属 | 三级 | 100 | 7.7 | 1.1 | 7.95 |
| 545 | 桂花 | *Osmanthus fragrans*（Thunb.）Lour. | 木樨科 | 木樨属 | 三级 | 100 | 8.3 | 1.4 | 8.25 |
| 546 | 朴树 | *Celtis sinensis* Pers. | 榆科 | 朴属 | 二级 | 400 | 10 | 2.9 | 12.5 |
| 547 | 朴树 | *Celtis sinensis* Pers. | 榆科 | 朴属 | 三级 | 210 | 20.4 | 3.4 | 21.35 |
| 548 | 朴树 | *Celtis sinensis* Pers. | 榆科 | 朴属 | 三级 | 100 | 12.6 | 3.1 | 13.7 |
| 549 | 朴树 | *Celtis sinensis* Pers. | 榆科 | 朴属 | 三级 | 100 | 15.8 | 2.4 | 17.65 |
| 550 | 朴树 | *Celtis sinensis* Pers. | 榆科 | 朴属 | 三级 | 100 | 15 | 2.45 | 18.9 |
| 551 | 朴树 | *Celtis sinensis* Pers. | 榆科 | 朴属 | 三级 | 190 | 16.8 | 2.9 | 19.95 |
| 552 | 朴树 | *Celtis sinensis* Pers. | 榆科 | 朴属 | 三级 | 210 | 21.5 | 2.7 | 19.95 |
| 553 | 朴树 | *Celtis sinensis* Pers. | 榆科 | 朴属 | 二级 | 330 | 22.4 | 2.5 | 24 |
| 554 | 朴树 | *Celtis sinensis* Pers. | 榆科 | 朴属 | 三级 | 100 | 18 | 2.2 | 17 |
| 555 | 朴树 | *Celtis sinensis* Pers. | 榆科 | 朴属 | 三级 | 280 | 30 | 2.72 | 13.5 |
| 556 | 朴树 | *Celtis sinensis* Pers. | 榆科 | 朴属 | 三级 | 160 | 24 | 2.99 | 18.5 |
| 557 | 朴树 | *Celtis sinensis* Pers. | 榆科 | 朴属 | 三级 | 160 | 23 | 2.7 | 21 |
| 558 | 朴树 | *Celtis sinensis* Pers. | 榆科 | 朴属 | 三级 | 160 | 23 | 3 | 17.5 |
| 559 | 朴树 | *Celtis sinensis* Pers. | 榆科 | 朴属 | 三级 | 160 | 21 | 3.2 | 22 |
| 560 | 朴树 | *Celtis sinensis* Pers. | 榆科 | 朴属 | 三级 | 200 | 21.6 | 2.4 | 17.7 |
| 561 | 朴树 | *Celtis sinensis* Pers. | 榆科 | 朴属 | 三级 | 150 | 18.4 | 1.85 | 12.3 |
| 562 | 青冈栎 | *Cyclobalanopsis glauca*（Thunb.）Oerst. | 壳斗科 | 青冈属 | 三级 | 100 | 5.3 | 2.5 | 17 |
| 563 | 青冈栎 | *Cyclobalanopsis glauca*（Thunb.）Oerst. | 壳斗科 | 青冈属 | 三级 | 110 | 7.6 | 2.15 | 8.75 |
| 564 | 青冈栎 | *Cyclobalanopsis glauca*（Thunb.）Oerst. | 壳斗科 | 青冈属 | 三级 | 110 | 26.2 | 2.2 | 8.6 |
| 565 | 青冈栎 | *Cyclobalanopsis glauca*（Thunb.）Oerst. | 壳斗科 | 青冈属 | 三级 | 110 | 6.9 | 1.25 | 5.7 |
| 566 | 青冈栎 | *Cyclobalanopsis glauca*（Thunb.）Oerst. | 壳斗科 | 青冈属 | 二级 | 310 | 20 | 1.6 | 6.5 |
| 567 | 青冈栎 | *Cyclobalanopsis glauca*（Thunb.）Oerst. | 壳斗科 | 青冈属 | 三级 | 160 | 25.3 | 2.3 | 15.8 |
| 568 | 青冈栎 | *Cyclobalanopsis glauca*（Thunb.）Oerst. | 壳斗科 | 青冈属 | 三级 | 210 | 21.1 | 1.23 | 11.65 |
| 569 | 青冈栎 | *Cyclobalanopsis glauca*（Thunb.）Oerst. | 壳斗科 | 青冈属 | 三级 | 120 | 7.9 | 2.15 | 7.55 |
| 570 | 浙江楠 | *Phoebe chekiangensis* C.B.Shang | 樟科 | 楠木属 | 三级 | 110 | 9.8 | 1.98 | 12.5 |
| 571 | 浙江楠 | *Phoebe chekiangensis* C.B.Shang | 樟科 | 楠木属 | 三级 | 110 | 15.8 | 1.8 | 14 |
| 572 | 浙江楠 | *Phoebe chekiangensis* C.B.Shang | 樟科 | 楠木属 | 三级 | 110 | 10 | 1.58 | 10 |
| 573 | 浙江楠 | *Phoebe chekiangensis* C.B.Shang | 樟科 | 楠木属 | 三级 | 110 | 11.4 | 1.5 | 9.65 |
| 574 | 浙江楠 | *Phoebe chekiangensis* C.B.Shang | 樟科 | 楠木属 | 三级 | 110 | 16 | 1.97 | 17.5 |
| 575 | 浙江楠 | *Phoebe chekiangensis* C.B.Shang | 樟科 | 楠木属 | 三级 | 110 | 29 | 1.55 | 11.65 |
| 576 | 浙江楠 | *Phoebe chekiangensis* C.B.Shang | 樟科 | 楠木属 | 三级 | 130 | 16.5 | 1.55 | 5 |
| 577 | 浙江楠 | *Phoebe chekiangensis* C.B.Shang | 樟科 | 楠木属 | 三级 | 110 | 23.8 | 1.8 | 9.6 |
| 578 | 浙江楠 | *Phoebe chekiangensis* C.B.Shang | 樟科 | 楠木属 | 三级 | 110 | 14.6 | 1.4 | 10.7 |
| 579 | 浙江楠 | *Phoebe chekiangensis* C.B.Shang | 樟科 | 楠木属 | 三级 | 130 | 23.7 | 1.6 | 11.1 |
| 580 | 浙江楠 | *Phoebe chekiangensis* C.B.Shang | 樟科 | 楠木属 | 三级 | 160 | 18 | 1.86 | 9.5 |
| 581 | 浙江楠 | *Phoebe chekiangensis* C.B.Shang | 樟科 | 楠木属 | 三级 | 180 | 23.8 | 2.03 | 7.9 |
| 582 | 浙江楠 | *Phoebe chekiangensis* C.B.Shang | 樟科 | 楠木属 | 三级 | 180 | 22.5 | 2 | 9.6 |
| 583 | 浙江楠 | *Phoebe chekiangensis* C.B.Shang | 樟科 | 楠木属 | 三级 | 100 | 20 | 2.01 | 14.5 |
| 584 | 槐树 | *Styphnolobium japonicum*（L.）Schott | 豆科 | 槐属 | 三级 | 180 | 10.7 | 1.7 | 6.9 |
| 585 | 槐树 | *Styphnolobium japonicum*（L.）Schott | 豆科 | 槐属 | 二级 | 420 | 25 | 2.8 | 17 |
| 586 | 槐树 | *Styphnolobium japonicum*（L.）Schott | 豆科 | 槐属 | 三级 | 230 | 23.7 | 2.12 | 23.9 |
| 587 | 槐树 | *Styphnolobium japonicum*（L.）Schott | 豆科 | 槐属 | 三级 | 160 | 15.3 | 2.1 | 10.5 |
| 588 | 槐树 | *Styphnolobium japonicum*（L.）Schott | 豆科 | 槐属 | 三级 | 180 | 15.7 | 1.7 | 14 |
| 589 | 槐树 | *Styphnolobium japonicum*（L.）Schott | 豆科 | 槐属 | 三级 | 260 | 16.6 | 2.65 | 14.1 |
| 590 | 槐树 | *Styphnolobium japonicum*（L.）Schott | 豆科 | 槐属 | 三级 | 210 | 24.1 | 2.1 | 15.6 |
| 591 | 槐树 | *Styphnolobium japonicum*（L.）Schott | 豆科 | 槐属 | 二级 | 330 | 7 | 2.8 | 4 |
| 592 | 槐树 | *Styphnolobium japonicum*（L.）Schott | 豆科 | 槐属 | 三级 | 130 | 15.9 | 1.86 | 13 |

（续）

| 序号 | 名称 | 拉丁学名 | 科名 | 属名 | 古树等级 | 树龄（年） | 树高（m） | 胸围（m） | 冠幅（m） |
|---|---|---|---|---|---|---|---|---|---|
| 593 | 槐树 | *Styphnolobium japonicum*（L.）Schott | 豆科 | 槐属 | 三级 | 130 | 7.7 | 2 | 7.75 |
| 594 | 槐树 | *Styphnolobium japonicum*（L.）Schott | 豆科 | 槐属 | 三级 | 120 | 13 | 2.1 | 10 |
| 595 | 槐树 | *Styphnolobium japonicum*（L.）Schott | 豆科 | 槐属 | 三级 | 210 | 22.7 | 2.15 | 16.05 |
| 596 | 黄连木 | *Pistacia chinensis* Bunge | 漆树科 | 黄连木属 | 三级 | 160 | 7.6 | 2.33 | 16.5 |
| 597 | 黄连木 | *Pistacia chinensis* Bunge | 漆树科 | 黄连木属 | 三级 | 160 | 22.7 | 1.9 | 14.9 |
| 598 | 黄连木 | *Pistacia chinensis* Bunge | 漆树科 | 黄连木属 | 三级 | 120 | 20 | 1.57 | 7.75 |
| 599 | 黄连木 | *Pistacia chinensis* Bunge | 漆树科 | 黄连木属 | 三级 | 120 | 17 | 2.51 | 13.4 |
| 600 | 黄连木 | *Pistacia chinensis* Bunge | 漆树科 | 黄连木属 | 一级 | 500 | 17.3 | 2.7 | 17.15 |
| 601 | 黄连木 | *Pistacia chinensis* Bunge | 漆树科 | 黄连木属 | 二级 | 300 | 12.7 | 3.04 | 13.05 |
| 602 | 黄连木 | *Pistacia chinensis* Bunge | 漆树科 | 黄连木属 | 二级 | 310 | 18 | 2.65 | 15.5 |
| 603 | 黄连木 | *Pistacia chinensis* Bunge | 漆树科 | 黄连木属 | 二级 | 460 | 20 | 3.75 | 14.9 |
| 604 | 黄连木 | *Pistacia chinensis* Bunge | 漆树科 | 黄连木属 | 三级 | 210 | 19.3 | 2.25 | 14.25 |
| 605 | 黄连木 | *Pistacia chinensis* Bunge | 漆树科 | 黄连木属 | 三级 | 210 | 18.5 | 2.5 | 13.95 |
| 606 | 黄连木 | *Pistacia chinensis* Bunge | 漆树科 | 黄连木属 | 三级 | 210 | 14.5 | 2.25 | 14 |
| 607 | 糙叶树 | *Aphananthe aspera*（Thunb.）Planch. | 榆科 | 糙叶树属 | 三级 | 120 | 20.1 | 2.55 | 13 |
| 608 | 糙叶树 | *Aphananthe aspera*（Thunb.）Planch. | 榆科 | 糙叶树属 | 三级 | 180 | 17.9 | 1.6 | 10.85 |
| 609 | 糙叶树 | *Aphananthe aspera*（Thunb.）Planch. | 榆科 | 糙叶树属 | 三级 | 180 | 33.2 | 2.4 | 24.05 |
| 610 | 糙叶树 | *Aphananthe aspera*（Thunb.）Planch. | 榆科 | 糙叶树属 | 三级 | 180 | 33.2 | 2.25 | 14.55 |
| 611 | 糙叶树 | *Aphananthe aspera*（Thunb.）Planch. | 榆科 | 糙叶树属 | 三级 | 160 | 18.4 | 1.95 | 13.55 |
| 612 | 糙叶树 | *Aphananthe aspera*（Thunb.）Planch. | 榆科 | 糙叶树属 | 三级 | 130 | 27.1 | 2.08 | 12.55 |
| 613 | 糙叶树 | *Aphananthe aspera*（Thunb.）Planch. | 榆科 | 糙叶树属 | 三级 | 110 | 14.7 | 1.7 | 14.5 |
| 614 | 糙叶树 | *Aphananthe aspera*（Thunb.）Planch. | 榆科 | 糙叶树属 | 三级 | 100 | 21 | 1.65 | 12.5 |
| 615 | 糙叶树 | *Aphananthe aspera*（Thunb.）Planch. | 榆科 | 糙叶树属 | 三级 | 160 | 25 | 3.2 | 16 |
| 616 | 糙叶树 | *Aphananthe aspera*（Thunb.）Planch. | 榆科 | 糙叶树属 | 三级 | 150 | 20.7 | 2.47 | 16.7 |
| 617 | 糙叶树 | *Aphananthe aspera*（Thunb.）Planch. | 榆科 | 糙叶树属 | 三级 | 100 | 17 | 1.35 | 16.5 |
| 618 | 三角槭 | *Acer buergerianum* Miq. | 槭树科 | 槭属 | 三级 | 100 | 22 | 1.9 | 15 |
| 619 | 三角槭 | *Acer buergerianum* Miq. | 槭树科 | 槭属 | 三级 | 100 | 25 | 2 | 18.25 |
| 620 | 三角槭 | *Acer buergerianum* Miq. | 槭树科 | 槭属 | 三级 | 120 | 15.3 | 2.1 | 13 |
| 621 | 三角槭 | *Acer buergerianum* Miq. | 槭树科 | 槭属 | 三级 | 210 | 15.4 | 2.53 | 11.75 |
| 622 | 三角槭 | *Acer buergerianum* Miq. | 槭树科 | 槭属 | 三级 | 210 | 26.7 | 1.9 | 15.45 |
| 623 | 三角槭 | *Acer buergerianum* Miq. | 槭树科 | 槭属 | 三级 | 100 | 20 | 2.25 | 13.8 |
| 624 | 三角槭 | *Acer buergerianum* Miq. | 槭树科 | 槭属 | 三级 | 100 | 16.1 | 2.3 | 10.85 |
| 625 | 三角槭 | *Acer buergerianum* Miq. | 槭树科 | 槭属 | 三级 | 210 | 20 | 2.33 | 14.4 |
| 626 | 三角槭 | *Acer buergerianum* Miq. | 槭树科 | 槭属 | 二级 | 400 | 16 | 2.6 | 12.5 |
| 627 | 三角槭 | *Acer buergerianum* Miq. | 槭树科 | 槭属 | 三级 | 110 | 14 | 2.2 | 11.5 |
| 628 | 麻栎 | *Quercus acutissima* Carruth. | 壳斗科 | 栎属 | 三级 | 160 | 30.5 | 3 | 26.15 |
| 629 | 麻栎 | *Quercus acutissima* Carruth. | 壳斗科 | 栎属 | 三级 | 100 | 29 | 2.4 | 17.5 |
| 630 | 麻栎 | *Quercus acutissima* Carruth. | 壳斗科 | 栎属 | 三级 | 100 | 30 | 2.5 | 18 |
| 631 | 麻栎 | *Quercus acutissima* Carruth. | 壳斗科 | 栎属 | 三级 | 100 | 25 | 2.5 | 17.5 |
| 632 | 麻栎 | *Quercus acutissima* Carruth. | 壳斗科 | 栎属 | 三级 | 100 | 33 | 2.2 | 14 |
| 633 | 麻栎 | *Quercus acutissima* Carruth. | 壳斗科 | 栎属 | 三级 | 100 | 28 | 2.5 | 18 |
| 634 | 麻栎 | *Quercus acutissima* Carruth. | 壳斗科 | 栎属 | 三级 | 100 | 30 | 2.5 | 15 |
| 635 | 麻栎 | *Quercus acutissima* Carruth. | 壳斗科 | 栎属 | 三级 | 100 | 31 | 2.2 | 14 |
| 636 | 麻栎 | *Quercus acutissima* Carruth. | 壳斗科 | 栎属 | 三级 | 100 | 28 | 2.5 | 17.5 |
| 637 | 麻栎 | *Quercus acutissima* Carruth. | 壳斗科 | 栎属 | 三级 | 100 | 28 | 2.2 | 14 |
| 638 | 麻栎 | *Quercus acutissima* Carruth. | 壳斗科 | 栎属 | 三级 | 100 | 29 | 2.5 | 14 |
| 639 | 麻栎 | *Quercus acutissima* Carruth. | 壳斗科 | 栎属 | 三级 | 170 | 28.1 | 2.76 | 18.5 |
| 640 | 蜡梅 | *Chimonanthus praecox*（L.）Link | 蜡梅科 | 蜡梅属 | 三级 | 100 | 5 | 3.5 | 6 |
| 641 | 蜡梅 | *Chimonanthus praecox*（L.）Link | 蜡梅科 | 蜡梅属 | 三级 | 100 | 5 | 3.5 | 6 |
| 642 | 蜡梅 | *Chimonanthus praecox*（L.）Link | 蜡梅科 | 蜡梅属 | 三级 | 100 | 5 | 3.5 | 6 |

（续）

| 序号 | 名称 | 拉丁学名 | 科名 | 属名 | 古树等级 | 树龄（年） | 树高（m） | 胸围（m） | 冠幅（m） |
|---|---|---|---|---|---|---|---|---|---|
| 643 | 蜡梅 | *Chimonanthus praecox*（L.）Link | 蜡梅科 | 蜡梅属 | 三级 | 100 | 5 | 3.5 | 6 |
| 644 | 蜡梅 | *Chimonanthus praecox*（L.）Link | 蜡梅科 | 蜡梅属 | 三级 | 100 | 5 | 3.5 | 6 |
| 645 | 蜡梅 | *Chimonanthus praecox*（L.）Link | 蜡梅科 | 蜡梅属 | 三级 | 100 | 5 | 3.5 | 6 |
| 646 | 蜡梅 | *Chimonanthus praecox*（L.）Link | 蜡梅科 | 蜡梅属 | 三级 | 100 | 5 | 3.5 | 6 |
| 647 | 蜡梅 | *Chimonanthus praecox*（L.）Link | 蜡梅科 | 蜡梅属 | 一级 | 820 | 5 | 2.3 | 9.4 |
| 648 | 蜡梅 | *Chimonanthus praecox*（L.）Link | 蜡梅科 | 蜡梅属 | 三级 | 100 | 5 | 2.8 | 5 |
| 649 | 蜡梅 | *Chimonanthus praecox*（L.）Link | 蜡梅科 | 蜡梅属 | 三级 | 100 | 6 | 3.4 | 4.5 |
| 650 | 广玉兰 | *Magnolia grandiflora* L. | 木兰科 | 木兰属 | 三级 | 130 | 19.7 | 2.09 | 9.85 |
| 651 | 广玉兰 | *Magnolia grandiflora* L. | 木兰科 | 木兰属 | 三级 | 100 | 14.6 | 2.98 | 14 |
| 652 | 广玉兰 | *Magnolia grandiflora* L. | 木兰科 | 木兰属 | 三级 | 100 | 13 | 2.04 | 11.5 |
| 653 | 广玉兰 | *Magnolia grandiflora* L. | 木兰科 | 木兰属 | 三级 | 100 | 17 | 3 | 12 |
| 654 | 广玉兰 | *Magnolia grandiflora* L. | 木兰科 | 木兰属 | 三级 | 100 | 19 | 3.92 | 14.3 |
| 655 | 广玉兰 | *Magnolia grandiflora* L. | 木兰科 | 木兰属 | 三级 | 100 | 16.7 | 2.49 | 12.2 |
| 656 | 广玉兰 | *Magnolia grandiflora* L. | 木兰科 | 木兰属 | 三级 | 100 | 15 | 2.05 | 8.95 |
| 657 | 广玉兰 | *Magnolia grandiflora* L. | 木兰科 | 木兰属 | 三级 | 100 | 18.8 | 2.6 | 14.7 |
| 658 | 广玉兰 | *Magnolia grandiflora* L. | 木兰科 | 木兰属 | 三级 | 130 | 16.3 | 3.1 | 15.5 |
| 659 | 广玉兰 | *Magnolia grandiflora* L. | 木兰科 | 木兰属 | 三级 | 130 | 18.6 | 2.3 | 12.25 |
| 660 | 广玉兰 | *Magnolia grandiflora* L. | 木兰科 | 木兰属 | 三级 | 120 | 20.5 | 2.65 | 10 |
| 661 | 广玉兰 | *Magnolia grandiflora* L. | 木兰科 | 木兰属 | 三级 | 160 | 19 | 2.2 | 9.5 |
| 662 | 广玉兰 | *Magnolia grandiflora* L. | 木兰科 | 木兰属 | 三级 | 100 | 16 | 3 | 14.05 |
| 663 | 枫杨 | *Pterocarya stenoptera* C. DC. | 胡桃科 | 枫杨属 | 三级 | 100 | 23 | 2.85 | 22 |
| 664 | 枫杨 | *Pterocarya stenoptera* C. DC. | 胡桃科 | 枫杨属 | 三级 | 100 | 26 | 2.9 | 21.5 |
| 665 | 枫杨 | *Pterocarya stenoptera* C. DC. | 胡桃科 | 枫杨属 | 三级 | 100 | 18 | 2.57 | 13.15 |
| 666 | 枫杨 | *Pterocarya stenoptera* C. DC. | 胡桃科 | 枫杨属 | 三级 | 100 | 24.7 | 4.55 | 18 |
| 667 | 枫杨 | *Pterocarya stenoptera* C. DC. | 胡桃科 | 枫杨属 | 三级 | 100 | 30 | 3.5 | 20.5 |
| 668 | 枫杨 | *Pterocarya stenoptera* C. DC. | 胡桃科 | 枫杨属 | 三级 | 100 | 25 | 4.5 | 16 |
| 669 | 枫杨 | *Pterocarya stenoptera* C. DC. | 胡桃科 | 枫杨属 | 三级 | 180 | 8 | 2.44 | 11.65 |
| 670 | 罗汉松 | *Podocarpus macrophyllus*（Thunb.）Sweet | 罗汉松科 | 罗汉松属 | 一级 | 510 | 14 | 1.93 | 9.8 |
| 671 | 罗汉松 | *Podocarpus macrophyllus*（Thunb.）Sweet | 罗汉松科 | 罗汉松属 | 三级 | 110 | 6.4 | 1.45 | 6 |
| 672 | 罗汉松 | *Podocarpus macrophyllus*（Thunb.）Sweet | 罗汉松科 | 罗汉松属 | 三级 | 110 | 9 | 1.2 | 6.05 |
| 673 | 罗汉松 | *Podocarpus macrophyllus*（Thunb.）Sweet | 罗汉松科 | 罗汉松属 | 三级 | 110 | 9 | 1.25 | 10.2 |
| 674 | 罗汉松 | *Podocarpus macrophyllus*（Thunb.）Sweet | 罗汉松科 | 罗汉松属 | 三级 | 100 | 5.2 | 2.55 | 6.9 |
| 675 | 罗汉松 | *Podocarpus macrophyllus*（Thunb.）Sweet | 罗汉松科 | 罗汉松属 | 三级 | 100 | 11 | 2.35 | 9.55 |
| 676 | 罗汉松 | *Podocarpus macrophyllus*（Thunb.）Sweet | 罗汉松科 | 罗汉松属 | 三级 | 100 | 9 | 1.3 | 8.5 |
| 677 | 罗汉松 | *Podocarpus macrophyllus*（Thunb.）Sweet | 罗汉松科 | 罗汉松属 | 三级 | 100 | 6.5 | 1.1 | 6.75 |
| 678 | 紫藤 | *Wisteria sinensis*（Sims）Sweet | 豆科 | 紫藤属 | 三级 | 210 | 5 | 0.8 | 10 |
| 679 | 紫藤 | *Wisteria sinensis*（Sims）Sweet | 豆科 | 紫藤属 | 三级 | 210 | 5 | 0.8 | 10 |
| 680 | 紫藤 | *Wisteria sinensis*（Sims）Sweet | 豆科 | 紫藤属 | 三级 | 210 | 5 | 0.8 | 10 |
| 681 | 紫藤 | *Wisteria sinensis*（Sims）Sweet | 豆科 | 紫藤属 | 三级 | 210 | 5 | 0.8 | 10 |
| 682 | 紫藤 | *Wisteria sinensis*（Sims）Sweet | 豆科 | 紫藤属 | 三级 | 230 | 5 | 0.8 | 10 |
| 683 | 南川柳 | *Salix rosthornii* Seemen | 杨柳科 | 柳属 | 三级 | 220 | 9.8 | 3 | 11.15 |
| 684 | 南川柳 | *Salix rosthornii* Seemen | 杨柳科 | 柳属 | 三级 | 150 | 4.1 | 4.2 | 5.45 |
| 685 | 南川柳 | *Salix rosthornii* Seemen | 杨柳科 | 柳属 | 三级 | 160 | 9.1 | 2.5 | 10.35 |
| 686 | 南川柳 | *Salix rosthornii* Seemen | 杨柳科 | 柳属 | 三级 | 140 | 10.3 | 1.9 | 12.25 |
| 687 | 南川柳 | *Salix rosthornii* Seemen | 杨柳科 | 柳属 | 三级 | 100 | 11.2 | 2.9 | 10.05 |
| 688 | 南川柳 | *Salix rosthornii* Seemen | 杨柳科 | 柳属 | 三级 | 100 | 9.1 | 2.6 | 8.9 |
| 689 | 南川柳 | *Salix rosthornii* Seemen | 杨柳科 | 柳属 | 三级 | 100 | 12 | 2.5 | 10.25 |
| 690 | 南川柳 | *Salix rosthornii* Seemen | 杨柳科 | 柳属 | 三级 | 100 | 10.7 | 2.7 | 10.7 |
| 691 | 南川柳 | *Salix rosthornii* Seemen | 杨柳科 | 柳属 | 三级 | 100 | 4.2 | 3.45 | 4.35 |
| 692 | 七叶树 | *Aesculus chinensis* Bunge | 七叶树科 | 七叶树属 | 一级 | 610 | 20 | 3.2 | 17.75 |

（续）

| 序号 | 名称 | 拉丁学名 | 科名 | 属名 | 古树等级 | 树龄（年） | 树高（m） | 胸围（m） | 冠幅（m） |
|---|---|---|---|---|---|---|---|---|---|
| 693 | 七叶树 | *Aesculus chinensis* Bunge | 七叶树科 | 七叶树属 | 一级 | 600 | 22.1 | 4.6 | 14.5 |
| 694 | 七叶树 | *Aesculus chinensis* Bunge | 七叶树科 | 七叶树属 | 三级 | 230 | 36.8 | 2.9 | 19 |
| 695 | 七叶树 | *Aesculus chinensis* Bunge | 七叶树科 | 七叶树属 | 三级 | 200 | 25.2 | 2.8 | 16.95 |
| 696 | 七叶树 | *Aesculus chinensis* Bunge | 七叶树科 | 七叶树属 | 三级 | 160 | 25.8 | 0.85 | 18.35 |
| 697 | 七叶树 | *Aesculus chinensis* Bunge | 七叶树科 | 七叶树属 | 三级 | 160 | 22.1 | 2.45 | 19.2 |
| 698 | 七叶树 | *Aesculus chinensis* Bunge | 七叶树科 | 七叶树属 | 三级 | 110 | 26 | 2.4 | 17.7 |
| 699 | 楸树 | *Catalpa bungei* C.A.Mey. | 紫葳科 | 梓属 | 一级 | 530 | 16.1 | 1.8 | 6.85 |
| 700 | 楸树 | *Catalpa bungei* C.A.Mey. | 紫葳科 | 梓属 | 一级 | 530 | 15 | 1.64 | 6.55 |
| 701 | 楸树 | *Catalpa bungei* C.A.Mey. | 紫葳科 | 梓属 | 二级 | 300 | 25.6 | 2.55 | 10.7 |
| 702 | 楸树 | *Catalpa bungei* C.A.Mey. | 紫葳科 | 梓属 | 二级 | 300 | 26.5 | 2 | 10.6 |
| 703 | 楸树 | *Catalpa bungei* C.A.Mey. | 紫葳科 | 梓属 | 二级 | 300 | 35 | 2 | 9.85 |
| 704 | 楸树 | *Catalpa bungei* C.A.Mey. | 紫葳科 | 梓属 | 三级 | 210 | 17.5 | 2 | 13.2 |
| 705 | 雪松 | *Cedrus deodara*（Roxb.）G.Don | 松科 | 雪松属 | 三级 | 100 | 21.5 | 2.27 | 11.95 |
| 706 | 雪松 | *Cedrus deodara*（Roxb.）G.Don | 松科 | 雪松属 | 三级 | 100 | 11.9 | 1.77 | 8.9 |
| 707 | 雪松 | *Cedrus deodara*（Roxb.）G.Don | 松科 | 雪松属 | 三级 | 100 | 15.6 | 1.54 | 10.1 |
| 708 | 雪松 | *Cedrus deodara*（Roxb.）G.Don | 松科 | 雪松属 | 三级 | 100 | 19.6 | 1.9 | 10.55 |
| 709 | 雪松 | *Cedrus deodara*（Roxb.）G.Don | 松科 | 雪松属 | 三级 | 120 | 22.8 | 2.5 | 12.85 |
| 710 | 雪松 | *Cedrus deodara*（Roxb.）G.Don | 松科 | 雪松属 | 三级 | 100 | 21.2 | 2.4 | 15.4 |
| 711 | 雪松 | *Cedrus deodara*（Roxb.）G.Don | 松科 | 雪松属 | 三级 | 100 | 12.6 | 2.2 | 12.35 |
| 712 | 雪松 | *Cedrus deodara*（Roxb.）G.Don | 松科 | 雪松属 | 三级 | 100 | 19.9 | 1.8 | 12.95 |
| 713 | 常春油麻藤 | *Mucuna sempervirens* Hemsl. | 豆科 | 油麻藤属 | 三级 | 150 | 5 | 1.2 | 10 |
| 714 | 常春油麻藤 | *Mucuna sempervirens* Hemsl. | 豆科 | 油麻藤属 | 三级 | 150 | 5 | 1.2 | 10 |
| 715 | 常春油麻藤 | *Mucuna sempervirens* Hemsl. | 豆科 | 油麻藤属 | 三级 | 110 | 5 | 0.65 | 10 |
| 716 | 龙爪槐 | *Styphnolobium japonicum*（L.）Schott 'Pendula' | 豆科 | 槐属 | 三级 | 100 | 4.8 | 0.92 | 4.8 |
| 717 | 龙爪槐 | *Styphnolobium japonicum*（L.）Schott 'Pendula' | 豆科 | 槐属 | 三级 | 100 | 5.2 | 0.75 | 4.7 |
| 718 | 龙爪槐 | *Styphnolobium japonicum*（L.）Schott 'Pendula' | 豆科 | 槐属 | 三级 | 100 | 4.7 | 0.65 | 4.5 |
| 719 | 龙柏 | *Juniperus chinensis* L.'Kaizuca' | 柏科 | 圆柏属 | 一级 | 630 | 13.2 | 0.63 | 6.5 |
| 720 | 龙柏 | *Juniperus chinensis* L.'Kaizuca' | 柏科 | 圆柏属 | 三级 | 100 | 10 | 1.75 | 7.6 |
| 721 | 龙柏 | *Juniperus chinensis* L.'Kaizuca' | 柏科 | 圆柏属 | 三级 | 100 | 12.3 | 1.85 | 9 |
| 722 | 龙柏 | *Juniperus chinensis* L.'Kaizuca' | 柏科 | 圆柏属 | 三级 | 100 | 15 | 1.1 | 6.4 |
| 723 | 白栎 | *Quercus fabri* Hance | 壳斗科 | 栎属 | 三级 | 160 | 18.5 | 2.15 | 19.05 |
| 724 | 白栎 | *Quercus fabri* Hance | 壳斗科 | 栎属 | 三级 | 150 | 25 | 2.2 | 12.45 |
| 725 | 白栎 | *Quercus fabri* Hance | 壳斗科 | 栎属 | 三级 | 160 | 17.8 | 2 | 12 |
| 726 | 日本柳杉 | *Cryptomeria japonica*（Thunb.ex L.f.）D.Don | 杉科 | 柳杉属 | 三级 | 130 | 30.1 | 2.05 | 5.6 |
| 727 | 日本柳杉 | *Cryptomeria japonica*（Thunb.ex L.f.）D.Don | 杉科 | 柳杉属 | 三级 | 110 | 27.8 | 2.1 | 5.25 |
| 728 | 日本五针松 | *Pinus parviflora* Siebold et Zucc. | 松科 | 松属 | 三级 | 120 | 3.9 | 0.8 | 6.85 |
| 729 | 日本五针松 | *Pinus parviflora* Siebold et Zucc. | 松科 | 松属 | 三级 | 100 | 5 | 1.15 | 11.1 |
| 730 | 木荷 | *Schima superba* Gardner et Champ. | 山茶科 | 木荷属 | 三级 | 160 | 20 | 1.67 | 9.5 |
| 731 | 木荷 | *Schima superba* Gardner et Champ. | 山茶科 | 木荷属 | 三级 | 130 | 22.2 | 2.6 | 15.05 |
| 732 | 刨花楠 | *Machilus pauhoi* Kaneh. | 樟科 | 润楠属 | 二级 | 390 | 17.5 | 2.8 | 12.95 |
| 733 | 刨花楠 | *Machilus pauhoi* Kaneh. | 樟科 | 润楠属 | 二级 | 390 | 8.2 | 1.36 | 5.5 |
| 734 | 女贞 | *Ligustrum lucidum* W.T.Aiton | 木樨科 | 女贞属 | 三级 | 130 | 7.8 | 1.35 | 5.4 |
| 735 | 女贞 | *Ligustrum lucidum* W.T.Aiton | 木樨科 | 女贞属 | 三级 | 130 | 14.8 | 1.9 | 10.25 |
| 736 | 圆柏 | *Juniperus chinensis* L. | 柏科 | 圆柏属 | 三级 | 120 | 11.5 | 1.52 | 7.4 |
| 737 | 圆柏 | *Juniperus chinensis* L. | 柏科 | 圆柏属 | 三级 | 120 | 12.3 | 1.3 | 5.75 |
| 738 | 皂荚 | *Gleditsia sinensis* Lam. | 豆科 | 皂荚属 | 二级 | 320 | 19.5 | 3.16 | 17.1 |
| 739 | 皂荚 | *Gleditsia sinensis* Lam. | 豆科 | 皂荚属 | 三级 | 260 | 19.4 | 2.95 | 16 |
| 740 | 紫薇 | *Lagerstroemia indica* L. | 千屈菜科 | 紫薇属 | 三级 | 110 | 9.8 | 1.3 | 5.1 |
| 741 | 紫薇 | *Lagerstroemia indica* L. | 千屈菜科 | 紫薇属 | 三级 | 100 | 2.8 | 0.9 | 1.75 |
| 742 | 黄檀 | *Dalbergia hupeana* Hance | 豆科 | 黄檀属 | 三级 | 160 | 18 | 2 | 7.5 |

（续）

| 序号 | 名称 | 拉丁学名 | 科名 | 属名 | 古树等级 | 树龄（年） | 树高（m） | 胸围（m） | 冠幅（m） |
|------|------|----------|------|------|----------|------------|-----------|-----------|-----------|
| 743 | 石榴 | *Punica granatum* L. | 石榴科 | 石榴属 | 三级 | 110 | 5.1 | 0.45 | 5.4 |
| 744 | 石榴 | *Punica granatum* L. | 石榴科 | 石榴属 | 三级 | 110 | 5 | 0.8 | 5.25 |
| 745 | 白蜡树 | *Fraxinus chinensis* Roxb. | 木樨科 | 梣属 | 古树 | 110 | 6.2 | 1.5 | 7.5 |
| 746 | 乌桕 | *Triadica sebifera*（L.）Small | 大戟科 | 乌桕属 | 三级 | 160 | 20.2 | 2.63 | 16.4 |
| 747 | 榔榆 | *Ulmus parvifolia* Jacq. | 榆科 | 榆属 | 三级 | 110 | 7.3 | 2.2 | 9.35 |
| 748 | 刺槐 | *Robinia pseudoacacia* L. | 豆科 | 刺槐属 | 三级 | 120 | 16 | 1.8 | 8.5 |
| 749 | 木香 | *Rosa banksiae* Aiton | 蔷薇科 | 蔷薇属 | 三级 | 210 | 5 | 0.7 | 10 |
| 750 | 美人茶 | *Camellia uraku*（Mak.）Kitamura | 山茶科 | 山茶属 | 三级 | 100 | 8 | 0.28 | 9 |
| 751 | 无患子 | *Sapindus saponaria* L. | 无患子科 | 无患子属 | 三级 | 200 | 17.1 | 2.5 | 11.9 |
| 752 | 羽毛枫 | *Acer palmatum* Thunb. 'Dissectum' | 槭树科 | 槭属 | 三级 | 100 | 3 | 0.52 | 4.95 |
| 753 | 黑松 | *Pinus thunbergii* Parl. | 松科 | 松属 | 三级 | 100 | 4.4 | 1.45 | 6.1 |
| 754 | 佘山羊奶子 | *Elaeagnus argyi* H.Lév. | 胡颓子科 | 胡颓子属 | 三级 | 110 | 5 | 2.73 | 6.75 |
| 755 | 鸡爪槭 | *Acer palmatum* Thunb. | 槭树科 | 槭属 | 三级 | 100 | 5 | 1.46 | 5.6 |
| 756 | 红楠 | *Machilus thunbergii* Siebold et Zucc. | 樟科 | 润楠属 | 三级 | 110 | 5.7 | 1.4 | 5.55 |
| 757 | 浙江樟 | *Cinnamomum chekiangense* Nakai | 樟科 | 樟属 | 三级 | 100 | 14 | 2.16 | 9.65 |
| 758 | 浙江红山茶 | *Camellia chekiangoleosa* Hu | 山茶科 | 山茶属 | 三级 | 100 | 5 | 1.15 | 4.2 |
| 759 | 无患子 | *Sapindus saponaria* L. | 无患子科 | 无患子属 | 三级 | 210 | 9.2 | 1.45 | 10 |
| 760 | 锥栗 | *Castanea henryi*（Skam）Rehder et E. H. Wilson | 壳斗科 | 栗属 | 三级 | 180 | 19.6 | 1.68 | 10.8 |
| 761 | 梧桐 | *Firmiana simplex*（L.）W.Wight | 梧桐科 | 梧桐属 | 三级 | 150 | 24.4 | 1.8 | 9.55 |
| 762 | 紫楠 | *Phoebe sheareri*（Hemsl.）Gamble | 樟科 | 楠木属 | 三级 | 200 | 14 | 1.9 | 11.55 |
| 763 | 竹柏 | *Nageia nagi*（Thunb.）Kuntze | 罗汉松科 | 竹柏属 | 三级 | 200 | 7.3 | 1.5 | 3.45 |
| 764 | 鹅掌楸 | *Liriodendron chinense*（Hamsl.）Sarg. | 木兰科 | 鹅掌楸属 | 三级 | 100 | 23 | 3.6 | 17.5 |
| 765 | 杭州榆 | *Ulmus changii* W. C.Cheng | 榆科 | 榆属 | 三级 | 200 | 31 | 2.4 | 19.5 |
| 766 | 豹皮樟 | *Litsea coreana* var. *sinensis*（C. K. Allen）Yen C. Yang et P. H. Huang | 樟科 | 木姜子属 | 三级 | 210 | 6 | 1.7 | 5.65 |
| 767 | 豹皮樟 | *Litsea coreana* var. *sinensis*（C. K. Allen）Yen C. Yang et P. H. Huang | 樟科 | 木姜子属 | 三级 | 230 | 15.5 | 1.3 | 8.3 |
| 768 | 浙江柿 | *Diospyros japonica* Siebold et Zucc. | 柿科 | 柿属 | 三级 | 280 | 20.7 | 1.7 | 9.6 |
| 769 | 红果榆 | *Ulmus szechuanica* W. P. Fang | 榆科 | 榆属 | 三级 | 180 | 24.1 | 2.85 | 17.65 |
| 770 | 红果榆 | *Ulmus szechuanica* W. P. Fang | 榆科 | 榆属 | 二级 | 300 | 26 | 3.05 | 20.2 |
| 771 | 薄叶润楠 | *Machilus leptophylla* Hand.-Mazz. | 樟科 | 润楠属 | 二级 | 330 | 12 | 1.6 | 8.5 |
| 772 | 薄叶润楠 | *Machilus leptophylla* Hand.-Mazz. | 樟科 | 润楠属 | 二级 | 330 | 11.4 | 1.3 | 16 |
| 773 | 响叶杨 | *Populus adenopoda* Maxim. | 杨柳科 | 杨属 | 二级 | 350 | 15.3 | 2.1 | 7.75 |
| 774 | 玉兰 | *Yulania denudata*（Desr.）D. L. Fu | 木兰科 | 玉兰属 | 一级 | 500 | 12 | 2.8 | 7.5 |
| 775 | 北美红杉 | *Sequoia sempervirens*（D. Don）Endl. | 杉科 | 北美红杉属 | 名木 | / | 15.4 | 1.2 | 5 |
| 776 | 大叶冬青 | *Ilex latifolia* Thunb. | 冬青科 | 冬青属 | 名木 | / | 8 | 1 | 5.5 |

# 附录 2　　杭州西湖主要古树病虫害图谱

（1）香樟主要病虫害图谱

樟个木虱为害状

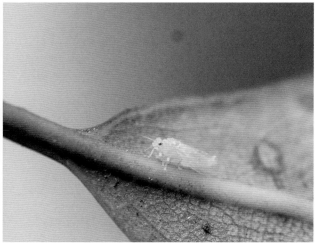

樟个木虱

樟脊冠网蝽

樟颈曼盲蝽

樟颈曼盲蝽为害状

樟细蛾为害症状

红蜡蚧

黑刺粉虱茧

樟修尾蚜

茶蓑蛾

橄绿瘤丛螟为害状

橄绿瘤丛螟幼虫

樗蚕蛾幼虫

樗蚕蛾成虫

白带螯蛱蝶幼虫

樟青凤蝶成虫

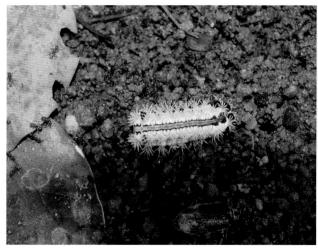

迹斑绿刺蛾幼虫

樟叶蜂幼虫

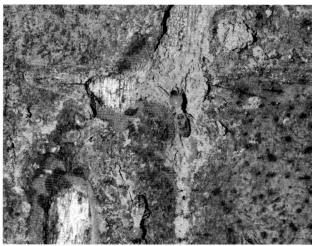

黑翅土白蚁

石榴小爪螨为害状

香樟毛毡病

香樟炭疽病

香樟煤污病　　　　　　　　　　　　　香樟黄化病

## （2）银杏主要病虫害图谱

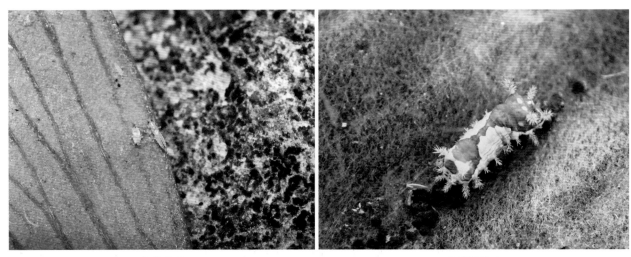

茶黄蓟马　　　　　　　　　　　　　黄刺蛾幼虫

银杏大蚕蛾　　　　　　　　　　　　　台湾乳白蚁

绿尾大蚕蛾幼虫

绿尾大蚕蛾成虫

银杏超小卷蛾为害状

叶枯病

（3）枫香主要病虫害图谱

吹绵蚧

碧蛾蜡蝉

桑褐刺蛾幼虫

扁刺蛾幼虫

丽绿刺蛾幼虫

褐边绿刺蛾幼虫

缀叶丛螟幼虫

缀叶丛螟为害状

黄胸散白蚁

黄翅大白蚁

# 附录3　杭州西湖古树名木健康状况评估技术程序

## 1 前言

本文以项目组研究工作开展情况为依据，参考国内城市先进的研究成果，对杭州西湖风景区古树衰弱原因诊断技术程序进行了探讨。

## 2 古树衰弱原因诊断（健康评估）技术程序

要对一棵古树的衰弱原因进行诊断分析，是一项复杂而综合的系统工程，必须首先了解引起古树衰弱的原因，然后制定切实可行且针对性强的实地调查计划，对古树进行实地调查，并借助各种科学仪器，采用定性和定量相结合的方法，分析古树生长环境、树体生长状况、树体内部空洞情况、病虫危害情况、养护管理情况等，随即对该古树的衰弱原因进行一个科学、全面的诊断分析，得出诊断分析报告，并由此制定相应的保护复壮技术方案，用于指导古树的保护复壮。具体而言，主要包括如下几个方面：

### 2.1 了解影响古树衰弱的原因

引起古树衰弱的原因很多，具体体现在以下几个方面：

#### 2.1.1 自身特性

有些种类的古树，随着树龄增加，树木生理机能逐渐下降，根系吸收水分、养分的能力越来越差，不能满足地上部分的需要，树木生理失去平衡，从而导致部分树枝逐渐枯萎死亡，出现内部中空、枝干脆弱、多枯枝等现象，如香樟。

#### 2.1.2 自然灾害

暴雨、台风、雷击、暴雪都容易使古树遭受不幸，尤其是像杭州这种多台风的城市，轻者影响古树的冠形，重则断枝、倒伏，很难再恢复原来的树势，甚至导致死亡。西湖风景区就曾有部分古树是在台风季节倒伏，最终难以恢复长势而逐步死亡。

#### 2.1.3 病虫危害

部分古树易遭受病虫危害。虫害方面主要是对古树危害大的白蚁、天牛等害虫；病害方面则主要是可导致古树枯枝、腐烂、根腐等问题的病害。

#### 2.1.4 周边环境影响

在西湖风景区古树调查期间，时常会发现因为土壤板结、树穴过小、根系裸露严重、周边建筑过密、生长环境不适宜等影响了古树的正常生长，轻者导致古树偏冠、营养不良，重者导致死亡。

#### 2.1.5 人为破坏

市政建筑工程破坏、废水废气污染、火灾、人为故意伤害、车辆撞击等都会使原本就衰弱的古树更是雪上加霜。

### 2.2 古树衰弱常见症状

（1）新梢数量减少，生长期内新梢平均生长量达不到该树种的平均生长量。

（2）常绿树种叶片宿存3年在70%以下，落叶树种正常叶片保存率在90%以下。

（3）叶色不正常的叶片占5%以上。

（4）当年叶片生长长度达不到该树种的平均生长长度。

（5）枯枝枯梢占5%以上，干皮有破损。

### 2.3 古树现场调查

对古树进行实地调查，包括对古树的外部生长状况、树干内部的异常情况、地上部分的长势以及地下部分的变异等情况进行认真细致的观察与分析。具体而言，现场主要调查内容有：

### 2.3.1 古树基本信息

包括古树编号、种类、权属、地理位置、历史简介等。了解古树的基本信息，是判断古树衰弱原因的第一步，也是重要的一步。第一，古树编号、权属和地理位置显示古树由谁管理和养护，便于咨询和询问相关情况，也便于判断古树出现断枝、倒伏等情况所引发的安全隐患有多大；第二，古树的种类便于查询和了解该树种的基本特性，例如适应什么环境、抗逆性怎么样、是否属于易倒伏树种等；第三，古树的历史情况对于古树的衰弱原因诊断非常重要，因为，作为现场调查，很多时候是无法从现状推测出古树过去所发生的事情，而往往这些历史情况对于评估具有极大参考价值。尤其是过去立地环境的变化、养护情况、重大病虫害情况、自然灾害和人为破坏情况。

### 2.3.2 古树生长的基本状况

包括整体长势、树高、冠幅、胸径、树干周长等。整体长势是用肉眼判断古树现在的生长状况，例如好、一般、差、衰落、死亡等，是古树树身详细状况的概括，便于从总体上把握古树的健康状况。树高、冠幅、胸径、树干周长等指标的测定，往往需要使用一些仪器和设备，例如运用奥卡测高仪400LH、胸径尺、卷尺等。这4个指标，对于评估古树的衰弱原因是非常有价值的。可以通过比较相似生境条件下古树以上指标的差异程度，由此推测古树的生长健康状况，进而为分析衰弱原因提供依据。

### 2.3.3 古树生长的立地条件

古树立地条件主要显示古树的立地环境（道路边、斜坡上、公园绿地里、池塘边等）、古树的立地土壤状况（板结、疏松、土壤pH、土壤养分情况等，有时还需进行采样后进行室内检测分析）、树穴面积、立地地被种类等。古树的立地环境，特别是土壤状况，对于评估古树的衰弱原因非常有价值，尤其是在古树整体长势较差、出现缺素等症状的情况下更是如此。树穴面积对于分析古树的根系生长情况有很大的辅助作用。尤其是在水泥等硬地铺装严重的生境条件下，树穴面积有时就决定了古树根系生长的空间。调查立地环境中的地被种类是

因为要考量所栽植的地被植物是否与古树生长构成养分竞争，有些地被植物（例如豆科的白三叶）却能够为古树生长创造养分，还有一些地被种类属于藤本，会攀附上古树，对古树的生长造成一定影响。

立地条件良好：

（1）古树名木树冠投影及外延3m范围内的地上地下无任何永久或临时性的建筑物、构筑物以及道路、管网等市政设施，无动用明火、排放废水废气或堆放、倾倒杂物、有毒有害物品等。

（2）根系土壤无污染。

（3）根系土壤容重在1.4g/cm³以下。

（4）根系土壤自然含水率在14%～19%之间。

（5）根系土壤有机质含量1.5%以上。

（6）山坡古树地面无水土流失和根系裸露现象。

立地条件差：

（1）古树名木树冠投影及外延3m范围内的地上地下有永久或临时性的建筑物、构筑物以及道路、管网等市政设施，或有动用明火、排放废水废气或堆放、倾倒杂物、有毒有害物品等。

（2）根系土壤有污染。

（3）根系土壤容重在1.4g/cm³以上。

（4）根系土壤自然含水率14%以下或20%以上。

（5）根系土壤有机质含量1.5%以下。

（6）山坡古树地面水土流失，部分根系裸露。

### 2.3.4 已采取的保护措施

包括围栏、支撑、填补树洞等。做支撑或牵引，表示古树在出现倾斜、偏冠等情况时采取了预防和补救措施；填补树洞，表示已采取措施阻止病虫害、雨水从树洞侵入古树造成古树继续腐烂，进而可以分析这些措施对古树生长的正面影响和存在不足。

### 2.3.5 古树树体详细状况

调查古树的树身详细状况，是评估古树衰弱原因的最重要一环，对于更准确地评估古树的健康状况及衰弱原因大有裨益，包括主干、分枝、叶片、顶梢、根部情况等。

（1）叶部状况：叶片失绿、缩小、不正常落叶的情况；病虫害危害情况；树冠顶部叶片枯死情况；物理破坏的情况。

（2）顶梢状况：树冠顶梢干枯情况；病虫害危害情况；新梢受损情况（物理破坏）。

（3）分枝状况：枯枝情况；腐烂或空洞情况；分枝受损情况；病虫害危害情况。

（4）主干状况：主干受损情况；腐烂或空洞情况；树皮腐烂、木质部裸露的情况；病虫害危害情况。

（5）根部状况：昆虫和病菌危害根系的情况；根部或根茎部存在腐烂和空洞的情况；根系暴露或包裹在墙体、水泥内的情况。

（3）和（4）两部分中的分枝和主干的腐烂或空洞情况是借助从匈牙利引进的Fakopp探测仪进行检测的。Fakopp探测仪由8个探测器组成。它们由皮带固定在树干上。声音探测器将单独通过钢钉与树木建立联系，钢钉应穿透树皮并固定在树木的第一年轮处。这样不会对树木造成明显的伤害。在测量过程中，通过每个测量点人工产生声音讯号，其他探头感应并记录声音在树木中的传播时间。使用几何数据我们可以确定声音在各个测量点之间的传播速度。这些速率数据将被按照一定的标准进行互相比对。通过整合每次测量所得传播速度，我们可以得到整个树木横截面的声音传导特性。之后，Fakopp的分析程序将树干横截面不同的声导特性以不同的颜色表示出来，即深色（深色以及棕色）代表高声导速率区域——即健康木质部。其他颜色（紫色、蓝色至浅蓝色）代表低声导速率区域——即受损木质部或者空气。绿色表示处于两者之间。根据获得的二维断层诊断图像，可以进行该横截面木质部腐烂位置与比率来评估古树树干的空洞等级：$P=0$ 为无空洞，$P \leq 25\%$ 为轻度空洞，$25\% < P \leq 50\%$ 为中度空洞，$P > 50\%$ 为重度空洞（P为空洞比例）。同时结合外部观察，判断其准确性，并初步分析其腐烂的原因。

**2.3.6 病虫害发生情况**

之所以把病虫害发生单独作为一项来调查，主要是基于病虫害对于古树的衰弱影响非常大，如白蚁、天牛、干腐病等。这些病虫害一旦严重发生，古树的健康状况将受到非常大的影响，因白蚁、干腐病等病虫害导致古树断枝或倒伏的事件，时有发生。还有一些刺吸类的害虫如介壳虫，隐蔽性高，不易被发觉，常年危害后严重影响古树的生长。

**2.4 室内检测分析**

根据实际需要采集样品，对古树的病虫害进行室内观测鉴定，对古树叶片及立地土壤等进行检测分析。

**2.4.1 古树病虫害鉴定**

使用生物显微镜、解剖镜等对未知的病虫害种类进行观察、鉴定，在查阅相关资料的基础上，对其种类进行鉴定。必要时，对害虫幼虫要进行饲养，直到成虫期，再进行鉴定。对病害进行分离、培养、接种、鉴定。

**2.4.2 古树立地土壤、古树叶片等检测**

按标准检测方法对土壤的pH值、EC值、土壤有机质、水解性氮、有效磷、速效钾、交换性钙和镁等指标，叶片的叶绿素、全氮、全磷、全钾等指标进行检测与分析。

**2.5 古树衰弱原因诊断分析**

在古树调查后，按标准样株的枝、叶、冠、干等的各项生长指标，对照弱树的各项生长指标将古树划分为生长正常、生长衰弱、生长濒危、生长死亡4个等级。然后汇总现场调查、仪器检测、室内检测等各方面结果，对古树的衰弱原因进行分析评价，形成诊断报告，并由此查明引起古树衰弱的主导因子，确定复壮的重点。在此基础上，研究科学、合理的保护复壮方案，当由于两个以上原因造成古树生长衰弱时，如因病虫害、土壤缺乏营养或土壤含水过少等，宜采用综合性复壮技术措施。最后，着手开展古树保护复壮工作。

2.5.1古树生长势分级

2.5.1.1 常绿树种

2.5.1.1.1 生长正常

（1）新梢数量多，平均年生长量5cm以上，无枯枝枯梢，干皮完好。

（2）叶片宿存年数3～5年达80%以上，叶色正常，黄焦叶量5%以下。当年生叶片平均长度香樟≥10cm。

（3）主干、主枝无病虫害危害状。

2.5.1.1.2 生长衰弱

（1）新梢数量少，平均年生长量低于5cm。无或有枯枝枯梢，干皮完好或有损伤。

（2）叶片宿存年数1～3年达50%左右，黄焦叶量达30%以下。当年生叶片平均长度香樟≥10cm。

（3）主干、主枝有轻微病虫害危害状。

2.5.1.1.3 生长濒危

（1）新梢数量很少，平均年生长量低于2cm。枯枝枯梢多，干皮有损伤。

（2）叶片宿存年数1～2年达20%左右，叶片枯黄稀疏，黄焦叶片量70%以上。当年生叶片平均长度香樟≥10cm。

（3）主干、主枝有明显病虫害危害状。

2.5.1.1.4 生长死亡

（1）叶片枯黄或脱落。

（2）主干主枝全部枯死。

2.5.1.2 落叶树种

2.5.1.2.1 生长正常

（1）生长期内新梢平均生长量达到该树种的平均生长量。

（2）正常叶片保存率在90%以上。

（3）无或有少量枯枝枯梢，主干、主枝无病虫害危害状。

2.5.1.2.2 生长衰弱

（1）生长期内新梢平均生长量低于该树种的平均生长量。

（2）正常叶片保存率在90%以下。

（3）有部分枯枝枯梢，主干、主枝有轻微病虫害为害状。

2.5.1.2.3 生长濒危

（1）生长期内新梢生长不明显。

（2）正常叶片保存率在50%以下。

（3）枯枝枯梢多，主干、主枝有明显病虫害危害状。

2.5.1.2.4 生长死亡

（1）生长期内叶片枯黄或脱落。

（2）主干主枝全部枯死。

## 2.6 古树名木衰弱原因及相应的保护对策

见表1。

表1 古树衰弱常见原因及保护对策

| 序号 | 古树名木衰弱常见原因 | 保护对策 |
| --- | --- | --- |
| 1 | 土壤过于密实 | 合理松土、打孔换气；设置围栏、树池防止游客踩踏 |
| 2 | 铺装过多、树池过小 | 扩大树池、减少铺装面积；改用透气型铺装 |
| 3 | 土壤肥力欠佳 | 挖复壮沟进行施肥 |
| 4 | 病虫害 | 根据病虫害种类，合理开展病虫害防治 |
| 5 | 古树周围或树体上杂物过多 | 清理杂物 |
| 6 | 低洼处易积水 | 设置排水设施 |
| 7 | 易遭受雷击的区域 | 设置避雷设施 |
| 8 | 树体倾斜 | 设置支撑或拉索 |
| 9 | 表皮破损 | 定期防腐、杀菌；人工植皮 |
| 10 | 周围杂木较多 | 清理杂木 |
| 11 | 有开放式的孔洞 | 定期防腐、杀菌、除虫；视具体情况考虑是否填补树洞 |

# 附录4 杭州西湖古树名木日常养护管理操作规程

## 1 土壤管理

一级保护的及衰弱的古树名木，宜定期对其生长的土壤进行pH值、土壤容重、土壤通气孔隙度、土壤有机质含量等指标的测定。若不符合土壤指标要求，且古树名木长势减弱，则应制定相应的改良方案，经确认后进行土壤改良。当古树名木根部土壤出现空洞时，应及时填充土壤，当根部须根裸露时，应及时覆土，覆土厚度应为3~5cm。填充或覆盖用土应选用富含有机质的疏松土壤，如山泥、泥炭等。古树名木保护区内的裸露表土，可放置覆盖物。如陶粒、泥炭等，也可种植地被植物。古树名木保护区内原先采用硬质铺装材料的，应改用透气铺装材料。古树名木保护区内严禁倾倒、填埋水泥、石灰、混凝土等建筑垃圾及其他有毒、有害物质。

## 2 肥料管理

施肥应根据古树名木树种、树龄、生长势和土壤等条件而定。对生长濒危的古树名木施肥应慎重。一般应在冬季施腐熟有机肥，开花结果类树种可在花果期后追施含磷钾的颗粒肥。冬施有机肥可沟施也可穴施。应先探根，再在吸收根附近均匀挖

3~4条长宽深为50cm×25cm×30cm的辐射状沟或直径5~10cm、深30~50cm、穴距60~80cm的穴洞，施肥位置应每年轮换。

## 3 水分管理

古树名木一般不进行灌溉。古树名木保护区及附近应有与环境相协调的自然或管道排水系统。大雨后积水应在1小时内排除，暴雨后积水应在2小时内排除。凡长势衰弱或保护区附近进行施工的古树名木，应在保护区边缘设立2~3个水位观测井。应每天或隔天测量水位，根据施工情况测试pH值，并做好记录。若水位不正常或pH值变化明显，应查找原因，采取应对措施，及时解决。

## 4 病虫防治

古树名木的病虫害防治应把握加强监测、综合治理的原则。加强有害生物的监测工作，对在巡视中发现的有害生物应做好调查记录，及时上报管理古树名木的部门。应重点控制的有害生物种类包括食叶性害虫如刺蛾类；刺吸性害虫如蚜虫类、蚧类；蛀干性害虫如白蚁类、天牛类；侵染性病害如各种叶斑病等；非侵染性病害如黄化病等。具体防治方法见表1。

表1 杭州西湖古树名木主要病虫害及防治方法一览表

| 病虫害 | 寄主 | 防治方法 |
| --- | --- | --- |
| 刺蛾类 | 银杏、桂花、黄连木等多种植物 | 1.5月中旬至7月中旬使用黑光灯诱杀成虫。<br>2.6~8月低龄幼虫发生期可摘除带虫叶片，并集中销毁。中、高龄幼虫发生期使用2.4%阿维菌素3000倍、或20%阿维灭幼脲2000倍、或灭蛾灵1000倍等喷雾。<br>3.11月至翌年4月人工摘除、挖除虫茧并集中销毁。 |

（续）

| 病虫害 | 寄主 | 防治方法 |
|---|---|---|
| 橄绿瘤丛螟 | 香樟 | 1. 6 月上旬越冬代初发期或者 8～9 月第 2 代发生期通过人工的方法摘除虫苞并集中销毁。<br>2. 6 月中旬和 8 月下旬至 9 月初使用 92% 杀虫单 1500 倍、或 2.4% 阿维菌素 3000 倍、或 20% 阿维灭幼脲 2000 倍、或 48% 毒死蜱乳油 1500 倍、或 4.5% 高效氯氰菊酯乳油 1000 倍液等喷雾。<br>3. 10～12 月人工摘除虫苞并集中销毁。 |
| 缀叶丛螟 | 枫香、石楠 | 1. 5 月下旬至 7 月人工摘除虫苞（网幕），并集中销毁。<br>2. 6～7 月使用 92% 杀虫单 1500 倍、或 2.4% 阿维菌素 3000 倍、或 20% 阿维灭幼脲 2000 倍、或 48% 毒死蜱乳油 1500 倍、或 4.5% 高效氯氰菊酯乳油 1000 倍液等喷雾。<br>3. 11～12 月人工摘除虫苞并集中销毁。 |
| 红蜡蚧 | 香樟、桂花、广玉兰等多种植物 | 1. 发现个别枝条或叶片有蚧虫应及时刷除或摘除，或人工剪除虫枝。<br>2. 6 月在若虫孵化期使用 10% 可湿性吡虫啉可湿性粉剂 1500 倍、或 95% 蚧螨灵乳剂 400 倍或 25% 高渗苯氧威可湿性粉剂 300 倍液喷雾。 |
| 樟颈曼盲蝽 | 香樟 | 1. 于 5 月上旬和 7 月若虫发生期喷 5% 可湿性吡虫啉粉剂 1000～1500 倍；或 4.5% 高效氯氰菊酯乳油 1000 倍液；或 0.5% 的苦参碱水剂 800～1000 倍液喷雾防治。<br>2. 6 月上中旬和 8～10 月在成虫羽化时，设置诱虫灯或黄色黏虫板诱杀成虫。<br>3. 及时扫除香樟落叶，集中销毁，减少虫源。 |
| 茶黄蓟马 | 银杏 | 1. 4～5 月悬挂蓝色诱板诱杀刚羽化的成虫。<br>2. 5 月中旬至 8 月底用 2.5% 鱼藤酮 2000 倍、或 1% 苦参碱 100 倍、或 25% 吡虫啉 3000 倍、或 4.5% 高效氯氰菊酯乳油 1000 倍液等喷雾。由于该虫主要在银杏叶背面危害，因此喷药时喷头向上喷，从底部逐渐向上部喷，先喷叶背面，再喷叶正面，喷洒时要均匀周到。<br>3. 9 月至翌年 3 月及时扫除落叶，集中销毁。用 40% 辛硫磷乳油 1000 倍液灌溉寄主周围土壤。 |
| 刺角天牛 | 枫香 | 1. 6～9 月悬挂蛀干类害虫引诱剂及诱捕器，诱杀成虫。或于林缘人工堆放诱木堆，引诱成虫产卵。或于清晨人工捕捉成虫或根据天牛产卵部位及刻槽形状，用小锤敲击刻槽，杀死虫卵。<br>2. 在幼虫尚未蛀入木质部时，用铁丝钩杀幼虫。<br>3. 6 月成虫发生初期使用 8% 氯氰菊酯微胶囊剂 200～400 倍液、2.5% 溴氰菊酯乳油 1000 倍液喷雾防治；幼虫孵化期或幼虫尚未蛀入木质部时使用 75% 灭蝇胺可湿性粉剂、20% 啶虫咪可溶性粉剂 100 倍液喷洒树干防治；幼虫蛀入木质部后可使用国光树体杀虫剂或 75% 灭蝇胺可湿性粉剂 50 倍液打孔注射防治，或用铁丝将蘸过 40% 毒死蜱乳油、50% 敌敌畏乳油原液的棉球塞进天牛排泄口，再用泥土封死，通过熏蒸毒杀成虫。 |
| 白蚁 | 香樟、银杏、枫香、黄连木、石楠、广玉兰、桂花等多种植物 | 1. 5～9 月用灭蚁素乳胶剂（华中农大生产）涂抹树干基部；20% 氰戊菊酯乳油或 40% 毒死蜱乳油的 0.25% 药液浓度，施在树苑周围土壤中，形成毒土屏障，树木伤口及时涂刷防蚁药剂和防腐油。阻塞白蚁活动传播通道。<br>2. 4～6 月白蚁分飞时，寻找白蚁分飞孔，用熏蒸剂磷化铝等喷入蚁巢。<br>3. 4～10 月在不破坏的古树附近地下根的前提下，埋入诱杀箱或诱杀瓶，诱杀白蚁。 |
| 香樟炭疽病 | 香樟 | 1. 70% 红日强力杀菌可湿性粉剂，有效成分为 1,2 双（3-甲氧羰基-2-硫脲基）苯。喷药 900 倍液，在枝干、树枝和叶片正背面都留下绿色覆盖物，每隔 10 天喷 1 次，连续喷雾 3 次，3 次后接着每隔 1 个月喷雾 1 次，连续喷雾 2 次。<br>2. 53.8% 可杀得干悬浮剂，主要成分是氢氧化铜。在发病前或发病初期用 2000 倍液喷雾，确保在枝干、叶片表面留下绿色覆盖物。用药时期与方法同 1。<br>3. 及时扫除落叶，集中销毁。 |
| 银杏叶枯病 | 银杏 | 1. 发生前或发生初期使用 53.8% 可杀得干悬浮剂（主要成分氢氧化铜）2000 倍液。发病期使用 50% 多菌灵 500 倍液、或 70% 甲基托布津可湿性粉剂 800 倍液喷雾。以上药剂应每隔 10 天喷 1 次，连续喷雾 3 次，3 次后接着每隔 1 个月喷雾 1 次，连续喷雾 2 次。<br>2. 及时扫除落叶，集中销毁。 |

| 病虫害 | 寄主 | 防治方法 |
| --- | --- | --- |
| 黄化病 | 香樟 | 1. 改变香樟周围土壤的酸碱度，提高叶片铁的含量。<br>2. 要根治香樟黄化病，可因地制宜施用酸性客土及有机肥等，改良其立地条件。<br>3. 在林地增添含铁丰富的红壤，施酸性化肥，如在土壤中施些硫黄粉，在根系周围打孔灌注 1:30 的硫酸亚铁液，树干注射硫酸亚铁 15g、尿素 50g、硫酸镁 5g、水 1000mL 的混合液，叶面喷洒 0.1% ~ 0.2% 硫酸亚铁溶液，或 500 ~ 1000mL 的尿素铁或黄腐酸铁、柠檬酸铁等，均有良好的复绿效果。 |

## 5 生境保护

古树名木保护区内的植物与设施，必须加以控制，不得影响古树名木的正常生长。古树名木保护区内的大型野草、恶性杂草必须拔除，对树木生长有不良影响的植物，如散生竹、野构树及附生于树上的藤本植物等，必须清除。对古树名木保护区内的同种小植株，可适当保留。古树名木保护区及附近有强烈反射光或辐射光等光污染时，应找出光源，消除影响，附近有空调主机的，应及时移去。

## 6 修剪技术

以有利于古树名木正常生长和复壮为原则，对体现古树自然风貌的无危险枯枝应涂防腐剂后予以保留。修剪必须注意安全。分休眠期修剪和生长期修剪。①通常常绿树在换新叶之前修剪，落叶树在落叶后与新梢萌动之前修剪。②生长期应及时修剪过多的萌蘖枝、过密枝、严重病虫枝等。休眠期修剪主要根据树木生态习性进行修剪，如下垂枝、重叠枝，如果树冠明显不圆整、重心不稳定的，应适当短截树冠外围过长枝。③夏季防台风修剪时应对结实过多的枝条适当进行疏果、疏枝，对常绿树密集的枝条适当抽稀，对主干中有大空洞或生长于风口处的古树名木，应适当抽稀树冠。④萌蘖枝的修剪，一般银杏等保留离树较远、较粗的枝条 3 ~ 5 枝，其余的应及时从基部修去，切口与地面齐平，长势衰弱的可根据具体情况适当多留一些萌蘖。玉兰、女贞、桂花、罗汉松等应去除所有萌蘖枝。蜡梅、牡丹等根据具体情况，去弱留强，但应适当保留代表古树年份的枝条。⑤对切口的要求与切口的处理技术：短截切口必须靠节，剪、锯口应在剪口芽的反侧呈适度倾斜，剪锯切口必须保持平整，确保切口面不积水。对直径大于 3cm 的剪、锯口必须进行消毒处理，并涂抹伤口愈合剂，如波尔多液护创剂或羊毛脂。修剪应搭脚手架或使用高枝油锯，严禁徒手攀登。

## 7 树洞处理

树洞处理应把握以下三个原则：一是通过树洞修补能够达到完全防雨、防止雨水侵蚀树干的目的；二是树洞修补材料应耐用，为柔性结构；三是通过树洞修补，能起到促进再生、加固树干的作用。古树名木的腐烂处应进行清腐处理，裸露的木质部应使用消毒剂，如 5% 硫酸铜或 0.5% 高锰酸钾，待干后涂防腐剂，如桐油。一般树洞以开创式引流保护为主，难以引流的朝天洞或侧面洞，应在防腐后应进行修补。应及时对古树名木的腐烂部位进行清除，树洞修补前必须挖尽腐木，消毒防腐，保持洞口的圆顺，然后应先用木炭填充，如有必要可用钢筋做支撑加固，再用铁丝网罩住，外面用水泥、胶水、颜料拌匀后（接近树皮颜色）进行修补，封口要求平整、严密，并低于形成层，形成层处轻刮，最后涂伤口愈合剂。修补时间应在新梢萌动之前，不得在冰冻天进行。

## 8 复壮措施

对由于堆土、积水、有害生物危害、土壤污染、雷击、风雨、持续干旱、开发建设等原因造成古树名木长势衰弱的，应及时采取针对性的复壮措施，威胁古树名木生命的，应立即采取抢救措施。古树名木的复壮与抢救措施实施前应预先制定有关技术方案，经市古树名木管理部门确认后，在专业技术人员的指导下方可实施。地下根系生长受到影响时，应在不伤或少伤根系的前提下，排除各种不利因素。古树名木的土壤受到有害物质严重污染时，必须及时清除污染源，并应更换部分土壤。古树名木下堆土过高，应以不伤根为原则，分期或一次性撤去堆土。因建设等原因伤根过多的，应将凹凸不平的受伤根修平、消毒，浇生根水，根据伤根情况适度疏枝摘叶，还应根据天气情况，特别是高温干旱季节应每天早晚叶面喷雾。衰弱的松科古树名木每年生长季节应施适合的菌根菌，施用菌根菌时应去除表层土，置菌于吸收根上。流胶的古松每年应涂2~3次林木梳理剂。对土壤较板结的古树名木可在保护范围内种植豆科植物，如毛豆、蚕豆等。发现叶片生长不正常时，如叶片变薄或偏小时，应经专家诊断后适当进行叶面追肥，一般应于早晨或傍晚进行。

# 9 抢救技术

针对不同树种、抢救的具体情况，进行必要的梳枝摘叶。对古树名木进行遮阳处理，一般遮阴网应尽量远离树梢，网可移动，需要时拉上，若树高大，更要考虑阴棚的安全问题。一般在树上面和外侧安装喷雾设施，喷雾头必须现场调试，不得正对脚手架。用生根粉拌于种植土中或在根系涉及范围内浇生根水，10天一次。一般在古树名木保护区域边缘挖2~3个观察井，观察水位变化情况及水的pH值。根据观测井水位等情况，及时配套做好灌水或排水工作。叶面喷施营养液或吊营养液。

如果古树名木保护区及附近因地下水位长期过高或环境严重恶化，且采取多种措施确实无法改善时，可考虑异地抢救。

# 10 具体管理措施及要求

## 10.1 树体保护

古树名木周围应设立统一的保护标志，如保护标牌、保护宣传牌等。对位于河道、池塘边的古树名木，应根据周边环境需要进行护岸加固，可以用石驳、木桩或护岸植物。古树名木根系分布区踩踏严重的，应设立保护围栏。围栏的式样应与古树名木的周边环境相协调。对生长衰弱、树体倾斜、树洞明显或处于河岸、高坡上或树冠大、枝叶密集、易遭风折的古树名木，必须设立支撑或拉攀加固，

加固设施与树体接触处必须加垫层，如厚橡胶。攀缘性的古树名木应搭建棚架。

## 10.2 避让保护

古树名木树冠垂直投影之外5m界内为其保护范围。由于历史原因造成保护范围和空间不足的，应在城市建设和改造中予以调整完善。古树名木保护范围内，地上不应有挖坑取土、动用明火、排放烟气废气、倾倒污水污物、修建建筑物或者构筑物等危害树木生长的行为。各类生产、生活设施，应避开古树名木。古树名木保护范围内，地下不应动土。

## 10.3 自然灾害防范保护

### 10.3.1 应急预案

针对辖区内古树名木，管护责任单位（人）应自主或在乡镇、街道办事处协调、指导下，制定防范各种自然灾害危害的应急预案。明确各部门（人）职责和应急响应机制，细化具体流程，并按照预案要求及时、主动采取防范措施。

### 10.3.2 雷电防范

树体高大、位于空旷处的古树名木，应安装防雷设施。防雷电工程应由具有防雷工程专业设计资质和施工资质的单位进行设计、施工。管护责任单位（人）每年应在雨季前检查古树名木防雷电设施，必要时请专业部门进行检测、维修。已遭受雷击的古树名木应及时进行损伤部位的保护处理。

### 10.3.3 寒冷防范

根据天气预报，在寒潮来临之前，对易受冻害和处于抢救复壮期的古树名木在其根颈部盖草包或塑料膜。冬季降雪时，应及时去除古树名木树冠上覆盖的积雪。不应在古树名木保护范围内堆放积雪。

### 10.3.4 台风防范

根据当地气候特点和天气预报，适时做好台风防范工作（一般从6月中旬开始），加强巡查，发现古树名木的支撑拉攀加固等设施不妥的，应及时维护、更新，防止古树名木整体倒伏或枝干劈裂，发现古树名木周边积水的，必须及时排除。

### 10.3.5 干旱防范

在经历连续高温干旱后，对叶片有萎蔫现象发

生的古树名木，应于早晨或傍晚进行叶面喷雾和根部灌溉。

### 10.4 保护管理责任制

（1）区（县）古树名木行政主管部门应按属地管理原则，与乡镇、街道办事处或古树名木管护责任单位（人）签订保护管理责任书，每株古树名木养护管理应责任落实，措施到位。古树名木保护管理责任书格式见附录A。

（2）管护责任单位（人）每年年初应根据自管古树名木实际状况，制定日常养护管理计划，落实古树名木的日常养护管理措施，并做好日常养护管理记录。个人管护的古树，个人在制定日常养护管理计划和填写日常养护管理记录表确有困难的，可委托村（居）委会或乡镇、街道办事处代为填写。古树名木日常养护管理记录表格式见附录B。

（3）乡镇、街道办事处每年应巡查辖区内古树名木一次，管护责任单位（人）每年应自主巡查古树名木至少两次，并填写古树名木巡查记录表。发现异常情况应妥善处理，填写古树名木异常情况报告表，并在10个工作日内报告市、区（县）级古树名木行政主管部门。个人管护的古树由乡镇、街道办事处代为巡查，并填写古树名木巡查记录表和古树名木异常情况报告表。古树名木巡查记录表格式见附录C，古树名木异常情况报告表格式见附录D。

### 10.5 人员管理

（1）各级古树名木养护管理工作人员应具备相应的专业技术和工作经验。

（2）建立市级、区（县）两级技术培训制度，每年应对各级古树名木管理人员和技术人员进行技术培训。应定期开展古树名木保护技术和管理的研讨和交流，不断提高养护管理水平。

（3）各级古树名木管理人员和技术人员应有一定的稳定性和连续性。

### 10.6 档案管理

（1）古树名木管护责任单位（人）按株建立古树名木档案；乡镇、街道办事处按株立卷建立并管理辖区内古树名木档案；区（县）园林绿化管理部门按株立卷建立并管理本行政区域内古树名木的档案。

（2）每株古树名木档案内容属实、规范、齐全。古树名木档案包括登记表、保护管理责任书、巡查记录表、日常养护管理计划、日常养护管理记录表、异常情况报告表及保护复壮相关资料等。古树名木登记表格式见附录E。

（3）每株古树名木应有纸质和电子两套相同的档案。

（4）每年年终各级古树名木行政主管部门应检查完善档案内容。市级古树名木行政主管部门利用古树名木管理信息系统对全市古树名木实行动态管理。

### 10.7 巡视制度

（1）巡视范围包括古树名木保护区以及外延至可能引起其生长受到影响的区域。

（2）巡视内容包括古树名木的树体，主干、大枝是否有树洞或腐烂，主干是否倾斜，枝叶是否有萎蔫现象或受损痕迹，是否有有害生物危害，干、枝、叶、花、果是否有不正常的物候变化。古树名木保护区及附近环境，道路、河道、房屋建筑、筑路造桥、工厂烟囱、电力设备、排放气体和液体、地下水位、水质、排水系统、土壤、其他树木、地面标高、高坡水土流失、河岸塌方、保护设施、堆物、群众烧香拜佛等动态。

（3）一级保护的古树名木至少每1个月巡视1次，二级保护的古树至少每2个月巡视1次，三级古树至少每3个月巡视1次，台风季节必须加强巡视力度，保护区附近处于开发建设时期的古树名木至少每星期巡视1次，必要时委派专人驻守管护。

（4）巡视发现的一般问题应及时处理，例如少量堆土堆物、浇水不当、细微损伤等；应急问题应报告处理，即与古树专管员及时沟通，商量解决，如部分塌方、逐渐倾斜等；重大问题应请示处理，即速与市、区（县）管理古树名木的部门联系，必要时组织专家会诊，先提出方案，经确认后组织实施，施工全过程应由工程技术人员现场指导，如古树名木保护区及附近开发建设、严重倾斜、严重污染等。

（5）巡视记录务必日期无误、事实清楚、处理妥善、建议合理、记录连贯。

### 10.8 养护计划

古树名木管护责任单位（人）结合树木具体情况，制定古树名木的年度养护计划，并列入年度财政预算，按计划对管辖区的古树名木进行养护。养护计划内容包括土壤改良与保护、灌溉与排水、有害生物的防治、修剪、防腐、补洞、除草、保洁、保护设施维修等。

## 11 养护管理投资定额测算方法

### 11.1 古树名木养护管理投资定额的指标因素

古树名木按株计算养护管理投资定额。养护管理投资定额为古树名木每年日常养护管理所需的基本费用，包含日常养护管理作业过程中产生的直接人工费、水费、农药费、肥料费、机械费、运输费、综合管理费等，不包含安装防雷装置、树体支撑加固、树洞填充修补封堵、围栏以及对衰弱、濒危古树名木采取各项保护复壮措施等产生的工程费。

### 11.2 古树名木养护管理投资定额的计算

（1）古树养护管理投资定额＝平均树冠投影面积（$m^2$）×养护管理定额投资标准（元/$m^2$·年）×级别调整系数。

（2）名木养护管理投资定额按照一级古树的标准执行。

### 11.3 古树名木养护管理投资定额的调整

随着社会和经济的发展以及新技术、新材料的广泛应用，古树名木养护管理投资定额适时调整。

# 附录 A

# 古树名木保护管理责任书

甲方：

乙方：

为加强古树名木的保护管理，落实各项管护责任，根据《城市古树名木保护管理办法》（建城〔2000〕192号）的有关规定，生长在你单位内总计_____株古树名木（具体名录见表A.1），由你单位（人）承担保护管理责任。具体责任如下：

一、乙方要积极履行其对辖区内或自管古树名木的保护管理职责，开展保护古树名木的宣传工作，树立保护古树名木人人有责意识。对损伤、破坏古树名木的行为，要及时制止并报告甲方，配合有关部门依法进行处理。

二、乙方应按照技术规程对辖区内或自管古树名木进行日常养护管理，建立、完善每株档案，明确责任人，加强巡查和养护的记录，保障古树名木正常生长。

三、乙方应及时维修维护各类设备、器具，购置防治药物等。

四、古树名木生长势衰弱、濒危，乙方应制定保护复壮方案，报甲方审查并在其指导下实施。

五、古树名木枯枝死杈存在安全隐患需要进行清理的，乙方应制定方案，经甲方审查同意后组织实施。

六、对建设项目涉及古树名木的，乙方应督促建设单位履行"建设项目避让保护古树名木措施"行政许可，对不履行行政许可手续的要予以制止并及时报告甲方。

七、禁止砍伐和擅自移植古树名木，确需移植的，乙方应按"古树名木迁移审批"行政许可程序，办理相关手续。

八、古树名木死亡，乙方应及时报甲方，经甲方审核后报市园林绿化局确认。经确认死亡的古树名木存在安全隐患的，乙方应制定方案及时处置，确需伐除的报甲方审批。

九、管护责任单位（人）发生变更的，原乙方应在一个月内上报甲方，并办理保护管理责任转移手续。

十、对影响古树名木生长的各类生产、生活设施，甲方责令乙方限期采取措施，消除影响和危害。

十一、禁止出现：擅自采摘古树名木果实；借用树干做支撑物；刻划钉钉、缠绕绳索、攀树折枝、剥损树皮；在树冠外缘三米内挖坑取土、动用明火、排放烟气废气、倾倒污水污物、堆放物料、修建建筑物或者构筑物；以及其他损害古树名木的行为。

本责任书一式两份，双方签字盖章有效，甲乙双方各执一份存档。

甲方                           乙方

代表签章：                    代表签章：

    年  月  日                    年  月  日

表 A.1 古树名木名录

| 序号 | 树号 | 树种 | 保护级别 | 生长地点 | 具体管护责任单位（人） |
|------|------|------|----------|----------|------------------------|
|      |      |      |          |          |                        |
|      |      |      |          |          |                        |
|      |      |      |          |          |                        |
|      |      |      |          |          |                        |
|      |      |      |          |          |                        |
|      |      |      |          |          |                        |
|      |      |      |          |          |                        |
|      |      |      |          |          |                        |

# 附录 B

# 古树名木日常养护管理记录表

填表单位：                   填表人：                   养护管理年度：

| 古树名木编号 | | 树种 | | 胸径（主蔓径）cm | |
|---|---|---|---|---|---|
| 古树级别 | | 树高 m | | 胸径（主蔓径）cm | |
| 生长地点 | | | | | |
| 土、肥、水管理措施 | | | | | |
| 病虫害防治措施 | | | | | |
| 保护复壮措施 | | | | | |
| 自然灾害防御措施 | | | | | |
| 备注 | | | | | |

附录 C

# 古树名木巡查记录表

填表单位：　　　　　　　　　　　　　　　　　　　　填表人：

| 古树名木编号 | | | 树种 | | |
|---|---|---|---|---|---|
| 古树级别 | | 树高 m | | 胸径（主蔓径）cm | |
| 生长地点 | | | 管护责任单位(人) | | |
| 生长势 | ①正常 ②衰弱 ③濒危 ④死亡 | | | | |
| 树体状况描述 | | | | | |
| 保护范围内 | | | | | |
| 立地环境描述 | | | | | |
| 地上保护 | | | | | |
| 措施描述 | | | | | |
| 地下复壮 | | | | | |
| 措施描述 | | | | | |
| 异常情况描述（附照片） | ①枝、干外伤；②枝、干空洞；③枝干劈裂、折断；④树体倾斜、倒伏；⑤地下伤根；⑥根系土壤践踏板结；⑦危险性病虫害；⑧其他（说明） | | | | |
| 应对措施 | | | | | |
| 落实情况记录 | | | | | |
| 备注 | | | | | |

巡查人：　　　　　　　　　　　　　　　　　　　　巡查时间：

# 附录 D

# 古树名木异常情况报告表

填表单位：　　　　　　　　　　填表人：　　　　　　　　　　养护管理年度：

| 序号 | 编号 | 树种 | 保护级别 | 具体地址 | 管护责任单位（人） | 异常情况 | 采取措施 | 备注 |
|------|------|------|----------|----------|--------------------|----------|----------|------|
|      |      |      |          |          |                    |          |          |      |
|      |      |      |          |          |                    |          |          |      |
|      |      |      |          |          |                    |          |          |      |
|      |      |      |          |          |                    |          |          |      |
|      |      |      |          |          |                    |          |          |      |

# 附录 E

# 古树名木异常情况报告表

| 古树名木编号 | | | 所属区（县） | | |
|---|---|---|---|---|---|
| 树种 | 中文名： | | | 别名： | |
| | 学名： | | 科： | | 属： |
| 位置 | 乡镇（办事处）：村（居委会）： | | | 小地名 | |
| | 生长场所：①远郊野外；②乡村街道；③区县城区；④市区范围；⑤自然保护区⑥风景名胜区；⑦森林公园；⑧历史文化街区及历史名园 | | | | |
| | 纵坐标 | | 横坐标 | | 海拔： |
| 分布特点 | ①散生 | | ②群状 | | |
| 特征代码 | | | | | |
| 树龄 | 实际树龄： | | 估测树龄： | | |
| 古树级别 | | 树高 | m | 胸径（主蔓径） | cm |
| 冠幅 | 平均： m | | 东西： m | | 南北： m |
| 立地条件描述 | | | | | |
| 生长势 | ①正常②衰弱③濒危④死亡生长环境①良好②差 | | | | |
| 影响生长环境因素描述 | | | | | |
| 现存状态 | ①正常；②移植；③伤残；④死亡；⑤新增 | | | | |
| 历史、文化记载 | | | | | |
| 管护责任单位 | | | 管护责任人 | | |
| 树木特殊状况描述 | | | | | |
| 树种鉴定记载 | | | | | |
| 地上保护措施描述 | | | | | |
| 养护复壮措施描述 | | | | | |
| 照片及说明 | | | | | |

**附录5**

# DB3301

# 杭 州 市 地 方 标 准 规 范

DB3301/T 0202—2017

## 古树（香樟、银杏、枫香）保护复壮管理规范

2017-07-04 发布 2017-08-01 实施

杭州市质量技术监督局 发布

# 前　言

本规范按照GB/T　1.1-2009《标准化工作导则第1部分：标准的结构和编写》给出的规则起草。

本规范由杭州植物园、杭州市园林科学研究院提出。

本规范由杭州市园林文物局归口。

本规范的附录A、附录B、附录C为规范性附录。

本规范主要起草单位：杭州植物园、杭州市园林科学研究院。

本规范主要起草人：章银柯、余金良、于炜、楼晓明、刘锦。

# 古树（香樟、银杏、枫香）保护复壮管理规范

## 1 范围

本规范规定了香樟（*Cinnamomum camphora*）、枫香（*Liquidambar formosana*）、银杏（*Ginkgo biloba*）三种古树在进行保护复壮时的术语和定义、古树保护复壮、古树管理、应急措施处理。

本规范适用于香樟（*Cinnamomum camphora*）、枫香（*Liquidambar formosana*）、银杏（*Ginkgo biloba*）三种古树的保护复壮及管理。

## 2 规范性引用文件

下列文件对于本规范的应用是必不可少的。凡是注日期的引用文件，仅所注日期的版本适用于本规范。凡是不注日期的引用文件，其最新版本（包括所有的修改单）适用于本规范。

CJ/T 340 绿化种植土壤

《浙江省古树名木保护办法》浙江省人民政府法制办公室（2006年）

《杭州市城市绿化管理条例》杭州市人大常委会公告（2011年第51号）

## 3 术语和定义

下列术语和定义适用本文件。

### 3.1 古树

指树龄100年及以上的树木。

### 3.2 树冠投影

指树冠所覆盖的范围，按树冠最外围的垂直投影而定。

### 3.3 复壮

指对生长衰弱、濒危的古树通过改善其生长环境条件，促进其生长，以达到增强树势的技术措施。

### 3.4 硬支撑

指用硬质柱体支撑古树的方法。

### 3.5 拉纤

指在主干或大侧枝上选择牵引点，在附着体上选择固定点，彼此之间用弹性材料牵引的方法。

### 3.6 生境

指古树生长地环境，包括气候、土壤、地形、地下水、生物及人为活动等与古树生长相关的因素。

## 4 古树保护复壮

### 4.1 工作流程

4.1.1 分析诊断：综合分析影响古树生长的各种因子。

4.1.2 制定方案：综合现场诊断和测试分析结果，制定保护复壮方案。

4.1.3 专家论证：相关部门组织专家组进行论证，论证通过，方可实施。

4.1.4 组织施工：保护复壮工程应由具有相关工程经验的单位施工。

4.1.5 组织验收：保护复壮工程完成后，应由相关部门组织验收。

### 4.2 地上环境改良

4.2.1 古树树冠投影及外延5m范围内的地上无任何建筑物、构筑物以及管网等市政设施，如有，应予拆除；禁止明火、排放废水废气或堆放、倾倒、填埋杂物及有毒有害物品等。

4.2.2 按照《古树保护管理条例》规定，拆除古树周边影响其正常生长的违章建筑和设施；属于历史遗留影响古树生长的建筑物和构筑物在改造时应为古树留足生长空间。

4.2.3 清除古树周围对其生长有不良影响的植物，对影响古树光照的周边植物进行修剪。

4.2.4 注重古树根系和表土保护，依据具体情况采取加固、填土等措施。

4.2.5 主干被埋的古树，应立即采取措施，恢复到原有状态。

4.2.6 古树明显低于周围地坪，应做好排水。

### 4.3 地下环境改良

4.3.1 古树地下环境改良应参照CJ/T 340标准。

4.3.2 土壤密实板结，通气不良，应采取松土、换土或挖复壮沟等改良技术，结合土壤通气措施，改善土壤理化性质。具体技术按照附录A-A.1。

4.3.3 土壤缺水或积水，应及时采取措施，保证古树正常生长。

4.3.4 土壤被污染时，应采取相应措施加以改进，清除污染源。必要时可换土，并补充复壮基质。

4.3.5 依据土壤肥力状况和古树生长需要，适量施肥。可结合复壮沟和地面打孔、挖穴等技术进行。根施有机肥应经充分腐熟。

4.3.6 拆除古树周边不透气的硬质铺装。如确需铺装，应采用透气铺装，并留出至少大于古树树干外围1m的树穴。同时结合复壮沟或地面打孔、挖穴等技术改良土壤。具体技术按照附录A-A.1。

### 4.4 有害生物防治

4.4.1 根据古树树种特性，确定有害生物防治的重点对象，加强有害生物日常监测。具体技术可按照附录A。

4.4.2 提倡安全、有效、环境友好的防治方法。

### 4.5 树体防腐

4.5.1 古树树体皮层损伤，应及时在伤口处涂抹愈合剂进行保护。

4.5.2 古树木质部腐朽腐烂，应进行防腐处理，具体技术按照附录A执行。

4.5.3 防腐材料的防腐效果应持久稳定。

### 4.6 树洞修补

4.6.1 树洞修补前应进行防腐处理。

4.6.2 树洞修补技术具体按照附录A。

4.6.3 树洞修补使用的材料应具有以下特点：

　　—安全可靠，绿色环保，对树体活组织无害。

　　—填充材料能充满树洞并与内壁紧密结合。

　　—外表的封堵修补材料包括仿真树皮，应具有防水性和抗冷、抗热稳定性，不开裂，防止雨水渗入。

4.6.4 树洞太大或主干缺损严重，影响树体稳定，填充封堵前可做金属龙骨，加固树体。

4.6.5 洞口向上且不进行填充的树洞，在做好树洞防腐的基础上，根据实际情况做好洞口封闭工作。

### 4.7 树体支撑、加固

4.7.1 树体明显倾斜、主枝中空、存在倒伏风险的古树，可采用硬支撑、拉纤等方法进行支撑；树体上有劈裂或树冠上有断裂隐患的大分枝可采用螺纹杆、铁箍等材料进行加固。具体技术按照附录A。

4.7.2 选用的材料应根据被支撑、加固树体枝干荷载大小而定。

4.7.3 支撑、加固设施应与环境相协调，与树体接触部位应可活动，以便利于日后调节，并加弹性垫层保护树皮。

### 4.8 树枝修整

4.8.1 根据树种特性制定树枝修整方案，选择合适时机实施。具体技术按照附录A、附录B、附录C。

4.8.2 及时清除有安全隐患的枯死枝、断枝、劈裂枝、病虫枝等。

4.8.3 能体现古树自然风貌、无安全隐患的枯枝可予以保留，并做好防腐处理。

4.8.4 古树开花、结果较多的，应及时疏花疏果，以减少树体养分消耗。

4.8.5 枝条修整时，切口截面位置选择应利于伤口愈合。伤口应及时保护处理。

### 4.9 围栏保护

4.9.1 树冠下根系分布区易受踩踏、主干易受破坏的古树应设置保护围栏。具体要求见附录A。

4.9.2 围栏的式样应与周边景观相协调。

4.9.3 围栏应安全、牢固。

## 5 古树管理

### 5.1 依法保护古树

5.2.1 根据《杭州市城市绿化管理条例》，各地应制定古树保护管理办法，落实管理、养护和复壮的责任制度。实行专业养护部门和单位、个人共同保护管理的措施。

5.2.2 逐株制定管护方案，落实责任单位、责任人。

## 5.2 加强宣传教育

古树保护是一项社会性很强的工作，提升全民的保护意识，让全民了解古树的科学价值和文化价值，调动全社会力量，参与古树保护工作，使古树得到有效保护。

## 5.3 建立古树档案

5.3.1 古树等级划分按照《浙江省古树名木保护办法》。主管部门全面系统地查清古树的资源分布和生长状况，要建立古树档案，一树一档，对确认的古树，要设置保护标志，划定保护范围，制定保护措施。对古树的生态环境、生长发育状况和保护现状进行动态监测和管理。古树死亡的，应按照规定办理注销手续。

5.3.2 管护责任单位（人）要定期检查，建立古树保护复壮管理技术档案。

## 5.4 设定保护范围

5.4.1 古树相关管理部门应当会同当地规划部门划定古树保护区域，保护区域应不小于树冠垂直投影外延5m的范围；树冠偏斜的，还应根据树木生长的实际情况设置相应的保护区域。对生长环境特殊且无法满足保护范围要求的，须由专家组论证划定保护范围。

5.4.2 古树树冠以外50m范围内为古树生境保护范围，在生境保护范围内的新、扩、改建建设工程，必须满足古树根系生长和日照要求，并在施工期间采取必要的保护措施。

## 5.5 设立保护标志

5.5.1 应在古树周围醒目位置设立保护标志。保护标志包括标准标示牌、解说性标示牌和提示性标示牌。

5.5.2 应标明种名、学名、科属、保护等级、树龄、立牌时间、古树编号。其中国家一级保护古树为红色标识牌，二级保护古树为蓝色标识牌，三级保护古树为绿色标识牌。

5.5.3 应对古树的历史、文化、科研和旅游价值等进行说明。

5.5.4 应在古树周围设置禁止攀折、采摘等保护提示牌。

## 5.6 禁止行为

5.6.1 禁止下列损害古树的行为：

—擅自砍伐、迁移；

—刻划、钉钉、剥皮挖根、攀树折枝、悬挂物品或者以古树为支撑物；

—在古树保护范围内新建扩建建筑物和构筑物、挖坑取土、动用明火、排烟、采石、淹渍、堆放和倾倒有毒有害物品等影响古树生长环境的行为；

—古树树干周围地面封闭式硬化；

—其他损害古树正常生长的行为。

5.6.2 任何单位和个人不得擅自移动或者损毁古树保护标志和保护设施，如发生擅自砍伐、迁移古树的，由县级以上古树行政主管部门按有关规定进行处罚。

## 6 应急措施处理

### 6.1 应急预案

针对辖区内古树，管护责任单位（人）应自主或在古树保护行政主管部门协调、指导下，制定防范各种自然灾害危害的应急预案。明确各部门（人）职责和应急响应机制，细化具体流程，并按照预案要求及时、主动采取防范措施。

### 6.2 雷电防范

对需要安装避雷装置的古树，应要求具有专业资质的公司进行评估论证后实施。具体防范措施按照附录A。

### 6.3 雪灾防除

冬季降雪时，应及时去除古树树冠上覆盖的积雪。不应在古树保护范围内堆放积雪。

### 6.4 强风防范

根据当地气候特点和天气预报，适时做好强风防范工作，防止古树整体倒伏或枝干劈裂。有劈裂、倒伏隐患的古树应及时进行树体支撑、拉纤、加固；应及时维护、更新已有支撑、加固设施。

### 6.5 火灾防范

组织消防宣传教育，在醒目的位置设置禁烟标志，管护责任单位定期派人巡逻、检查。发生火灾时应第一时间组织扑灭。灾后应根据不同树种特性、不同危害程度采取相应补救措施。

### 6.6 洪涝防范

收到洪涝灾害异常天气预警时，管护责任单位及时派人检查排涝硬件设施，如发现潜在风险点，应及时排除。

# 附 录 A

## （规范性附录）

## 香樟古树保护复壮管理技术

A.1 地下环境改良技术

根据立地条件及古树生长情况，可选择A.1.1、A.1.2、A.1.3。

A.1.1 挖复壮沟

A.1.1.1 复壮沟施工位置在树冠垂直投影外侧，以深30cm、宽70cm为宜，长度和形状因环境而定，局部挖复壮沟，常用弧状或放射状。

A.1.1.2 复壮沟内可根据土壤状况和树木特性添加复壮基质，补充营养元素。复壮基质常采用复壮基质、陶粒等，用以增加土壤的透气、透水及养分传输能力，也可掺加适量含N、P、Fe等营养元素的肥料。

A.1.1.3 复壮沟的一端或中间常设渗水井，渗水井宽、深应视排水量和根系分布情况而定，应做到排得走、不伤根，一般渗水井深80～180cm，直径30～50cm，井内壁用砖垒砌而成，下部不用水泥勾缝。井口加铁盖。

A.1.2 埋设通气管

通气管可用直径10～15cm的硬塑料管打孔包棕做成，也可用外径15cm的塑笼式通气管外包无纺布做成，管高80～100cm，为防止管道堵塞，可选用管口加盖或使用陶粒。通气管常埋设在复壮沟的两端，从地表层到地下竖埋。也可以在树冠垂直投影外侧单独打孔竖向埋设通气管，通过通气管可给古树浇水灌肥。

A.1.3 地面打孔、挖穴

钻孔直径以10～12cm为宜，深以80～100cm为宜；土穴长、宽各以50～60cm为宜，深以80～100cm为宜。孔内填满草炭土和腐熟有机肥；土穴内从底往上并铺2块中空透水砖，砖垒至略高于原土面，土穴内其他空处填入掺有有机质、腐熟有机肥的熟土，填至原土面。然后在整个原土面铺上合适厚度的掺草炭土湿沙并压实。

A.1.4 硬铺装改良

A.1.4.1 古树树冠下地面为通透性差的硬铺装，没有树穴或者树穴很小时，应首先拆除古树吸收根分布区内地面硬铺装，在露出的原土面上均匀布点3～6个，钻孔或挖土穴。对无法拆除地面硬铺装或无法进行大面积换土的，可在树冠垂直投影以内根据根系生长情况酌情打通气孔。具体技术参照A.1.3。

A.1.4.2 古树树冠投影下不宜硬化，对于必须要硬化的地面可采用通气透水的方法和材料进行铺装。铺设时应首先平整地形，注重排水，熟土上加砂垫层，砂垫层上铺设透水透气材料，不得用水泥、石灰勾缝。

A.2 有害生物防治

A.2.1 刺吸式害虫的防治

A.2.1.1 常见种类

樟颈曼盲蝽、樟脊冠网蝽、樟个木虱、黑刺粉虱、红蜡蚧、石榴小爪螨等。

A.2.1.2 危害特点

刺吸叶片或枝干内的汁液，易诱发煤污病，可致树势衰弱。

A.2.1.3 识别方法

叶片正面有无锈色斑、白斑或绿色至黑紫色凸起的伪虫瘿，反面有无黑色污点；正常生长季叶片有无大面积落叶，落叶叶柄处有无产卵痕迹；小枝上有无红褐色的介壳虫。

A.2.1.4 防治方法

危害期喷洒绿色无公害药剂防治，如吡蚜酮、吡虫啉、苦烟碱、阿维菌素等。人工释放红点唇瓢虫等天敌防治介壳虫。

A.2.2 食叶类害虫的防治

A.2.2.1 常见种类

橄绿瘤丛螟、茶蓑蛾、大蓑蛾、迹斑绿刺蛾、丽绿刺蛾、樗蚕、樟蚕、樟细蛾、樟叶蜂等。

A.2.2.2 危害特点

取食叶片。

A.2.2.3 识别方法

叶片有无缺刻或孔洞，有无只剩叶肉或叶脉的叶片；叶片有无灰褐色的潜道；树枝上有无叶片缀合而成的虫苞；树下有无虫粪等。

A.2.2.4 防治方法

幼虫期喷洒绿色无公害药防治，如灭幼脲、苏云金杆菌、阿维菌素等，或人工摘除带虫或虫苞的枝叶。成虫期使用黑光灯或信息素诱杀。人工释放周氏啮小蜂等天敌进行防治。

A.2.3 蛀干类害虫的防治

A.2.3.1 常见种类

黑翅土白蚁、台湾乳白蚁、黄胸散白蚁、堆沙蛀（木蛾）等。

A.2.3.2 为害特点

钻蛀树干，啃食树皮，严重时可致古树整株死亡。

A.2.3.3 识别方法

树干上有无白蚁分飞孔或蚁路；树基有无木屑。

A.2.3.4 防治方法

白蚁危害高峰前，使用氰戊菊酯等趋避药剂喷淋植株主干及周围土壤，或在古树周围埋置白蚁诱捕装置，引诱到白蚁后喷施伊维菌素。堆沙蛀（木蛾）发生时可用毒死蜱等渗透性较强的药剂进行树干涂刷或熏蒸。

A.2.4 生理性病害的防治

A.2.4.1 常见病害

黄化病。

A.2.4.2 识别方法

新叶脉间失绿黄化，叶脉仍保持绿色。

A.2.4.3 防治方法

改良土壤，保持土壤弱酸性。叶片喷洒硫酸亚铁水溶液。

A.2.5 侵染性病害的防治

A.2.5.1 常见病害

炭疽病、煤污病等。

A.2.5.2 识别方法

叶片上有无不规则的黄白色病斑，病斑边缘明显。叶片、枝梢上有无黑色霉粉层。

A.2.5.3 防治方法

炭疽病发生时，可选用炭疽福美、炭特灵、敌力脱等杀菌剂进行防治。霉污病发生时，控制刺吸式害虫等诱发因子，并选用绿乳铜、喹啉铜等含有铜离子的杀菌剂进行防治。

A.3 树体防腐

A.3.1 古树树体皮层损伤，平整伤口后在伤口处涂抹愈合剂。

A.3.2 古树木质部腐朽腐烂，应进行清腐处理，清除腐朽的木质碎末、虫卵等杂物，喷涂杀菌、杀虫剂，随后喷施防腐剂，如硼酸盐类等水溶性防腐剂。

A.3.3 防腐材料、防腐效果应持久稳定。

A.4 树洞处理

A.4.1 树洞修补，树洞修补前，需进行防腐处理，边缘也做相应清理以利封堵，具体技术参照A.3.2。

A.4.2 开放性树洞的保护，填充部位的表面经消毒风干后，可填充聚氨酯等材料。填充体积较大时，常先填充经消毒、干燥处理的同类树种木条，木条间隙再填充聚氨酯。若树洞太大，影响树体稳定，可先用钢筋做稳固支撑龙骨，外罩铁丝网造形，再填充。

A.4.3 填充好的外表面，随树形用利刀削平整，然后在聚氨酯的表面喷一层阻燃剂。留出形成层位置，罩铁丝网，外再贴一层无纺布，在上面涂抹硅胶或玻璃胶，厚度不小于2cm至树皮形成层，封口外面要平整严实，洞口边缘也作相应处理，用环氧树脂、紫胶脂或硅酮胶等进行封缝。

A.4.4 封堵完成后，最外层可做仿真树皮处理，仿真树皮中添加调色剂及麻纤维，同时模拟原树皮裂痕。

A.5 树体支撑、加固

A.5.1 支撑

A.5.1.1 硬支撑

A.5.1.1.1 材料

钢管、钢板、杉木、橡胶垫、防锈漆、钢筋混凝土等可满足安全支撑要求的材料。

A.5.1.1.2 安装

A.5.1.1.2.1 在要支撑的树干、树枝上及地面选择受力稳固、支撑效果好的点作为支撑点。

A.5.1.1.2.2 支柱安装

支柱顶端的托板与树体支撑点接触面要大，托板和树皮间垫有弹性的橡胶垫，支柱下端埋入地下水泥浇筑的基座里或者稳固的支撑面上，基座要确保稳固安全。以后随着古树的生长，要适当调节固定的松紧度。

A.5.1.2 拉纤

A.5.1.2.1 材料

钢管、铁箍、钢丝绳、螺栓、螺母、紧线器、弹簧、橡胶垫、防锈漆等。

A.5.1.2.2 安装固定

A.5.1.2.2.1 硬拉纤常使用2寸钢管（规格：直径约6cm，壁厚约3mm），两端压扁并打孔套丝口。铁箍常用宽约12cm、厚0.5～1cm的扁钢制作，对接处打孔套丝口。钢管和铁箍外先涂防锈漆，再涂色漆。安装时将钢管的两端与铁箍对接处插在一起，插上螺栓固定，铁箍与树皮间加橡胶垫。

A.5.1.2.2.2 软拉纤常用直径8～12mm的钢丝，在被拉树枝或主干的重心以上选准牵引点，钢丝通过铁箍或者螺纹杆与被拉树体连接，并加橡胶垫固定，系上钢丝绳，安装紧线器与另一端附着体套上。通过紧线器调节钢丝绳松紧度，使被拉树枝（干）可在一定范围内摇动。以后随着古树的生长，要适当调节铁箍大小和钢丝松紧度。

A.5.2 加固

A.5.2.1 拉纤加固

所用材料和安装方法同附录A.5.1.2的规定。

A.5.2.2 螺纹杆加固

螺纹杆直径1~2cm。树体劈裂处打孔，螺纹杆穿过树体，两头垫铁片和橡胶圈，拧紧螺母。螺栓及垫片应与树干木质部紧密结合，以达到加固和以后愈合体遮盖螺栓的目的。中间露空的螺纹杆应涂防锈漆防止管生锈。大树穴可每隔30~80cm用螺纹杆重复加固但上下杆要错开，避免伤害同一方位的输导组织。伤口应及时消毒，涂上紫胶漆等伤口涂封剂。加固处理后的树穴可覆盖钢丝网等防护。

A.5.2.3 铁箍加固

主干有裂缝的，用2个半圆铁箍固定，铁箍与树干间用塑胶等软性材料铺垫。

A.6 枝条修整

A.6.1 树枝直径超过10cm时通常采用"三锯下枝法"，在被整理枝条预定切口以外30cm处，第一锯先锯"向地面"做背口，第二锯再锯"背地面"锯掉树枝，第三锯再根据枝干大小在皮脊前锯掉，留1~5cm的橛。整理时不要伤及古树干皮，锯口断面平滑，不劈裂，利于排水。锯口直径超过5cm时，应使锯口的上下延伸面呈椭圆形，以便伤口更好愈合。

A.6.2 折断残留的枝杈上若尚有活枝，应在活枝上方5cm处修剪；若无活枝，直径5cm以下的枝杈靠近主干或枝干修剪，直径5cm以上的枝杈则在保留树型的基础上在伤口附近适当处理。

A.6.3 创伤面应依次涂抹消毒剂、愈合剂。

A.7 极寒天气应对

A.7.1 如遇温度低于-5℃时，应提前做好树干、根际的保暖措施，包括卷干、铺设草垫、草包等。

A.7.2 抗雪的工作，冬季降雪时，应及时去除古树树冠上覆盖的积雪。不应在古树保护范围内堆放积雪。

A.8 围栏保护

A.8.1 因地制宜，以不破坏树体为原则，生长在人流密度较大的地方或易受人为损坏的古树，必须设置围栏进行保护。围栏与树干之间的距离不得少于2m；特殊立地条件无法达到2m的，以人摸不到树干为最低要求；根系非常发达的，应按照实际情况适当扩大围栏。

A.8.2 围栏离地面高度通常应在1.2m以上。

A.9 安装避雷装置

A.9.1 有雷击隐患的古树，应及时安装防雷电保护装置。

A.9.2 防雷电工程应由具有防雷工程专业设计资质和施工资质的单位进行设计、施工。

A.9.3 管护责任单位（人）每年应在雨季前检查古树防雷电设施，必要时请专业部门进行检测、维修。

A.9.4 已遭受雷击的古树应及时进行损伤部位的保护处理。

# 附 录 B

## （规范性附录）

## 银杏古树保护复壮管理技术

**B.1 地下环境改良技术**

参考附件A.1。

**B.2 有害生物防治**

**B.2.1 刺吸式害虫的防治**

**B.2.1.1 常见种类**

茶黄蓟马、桑白盾蚧等。

**B.2.1.2 危害特点**

锉吸或刺吸叶片、枝干内的汁液，易诱发煤污病，可致树势衰弱。

**B.2.1.3 识别方法**

叶片正反面是否失绿发白；正常生长季叶片是否萎蔫下垂；枝干上有无白色介壳虫。

**B.2.1.4 防治方法**

危害期喷洒绿色无公害药剂防治，如吡虫啉、苦烟碱、阿维菌素等。茶黄蓟马成虫发生期悬挂蓝色黏虫板诱杀。人工释放红点唇瓢虫等天敌防治介壳虫。

**B.2.2 食叶类害虫的防治**

**B.2.2.1 常见种类**

大蓑蛾、黄刺蛾、银杏大蚕蛾、绿尾大蚕蛾等。

**B.2.2.2 危害特点**

取食叶片。

**B.2.2.3 识别方法**

叶片有无缺刻或孔洞，或仅剩叶脉；树下有无虫粪等。

**B.2.2.4 防治方法**

幼虫期喷洒绿色无公害药剂，如灭幼脲、苏云金杆菌、阿维菌素等，或人工摘除带虫枝叶；成虫期使用黑光灯或信息素诱杀；人工释放周氏啮小蜂等天敌进行防治。

**B.2.3 蛀干类害虫的防治**

**B.2.3.1 常见种类**

银杏超小卷蛾、星天牛、台湾乳白蚁、黑翅土白蚁等。

**B.2.3.2 为害特点**

啃食树皮，钻蛀新梢或树干，破坏植物疏导组织，严重时可致整株死亡。

**B.2.3.3 识别方法**

当年生枝条是否萎蔫或枯死；树干上是否有排粪孔或羽化孔；树干基部是否有堆积的虫粪；树干上有无白蚁分飞孔或蚁路。

**B.2.3.4 防治方法**

银杏超小卷蛾成虫期使用苦烟碱、阿维菌素等喷雾防治；幼虫期应及时剪除萎蔫、枯死的小枝或使用啶虫脒、吡虫啉喷雾防治。天牛成虫发生期使用噻虫啉微胶囊剂喷雾防治；幼虫孵化期或幼虫尚未蛀入木质部时使用啶虫脒喷洒树干防治；幼虫蛀入木质部后打孔注射啶虫脒、阿维菌素防治。白蚁危害高峰前，使用氰戊菊酯等喷淋植株主干及周围土壤，或在古树周围埋置白蚁诱捕装置，引诱到白蚁后喷施阿维菌素。

B.2.4 生理性病害的防治

B.2.4.1 常见病害

早期黄化病。

B.2.4.2 识别方法

叶片提早发黄、掉落。

B.2.4.3 防治方法

改良土壤，增施锌肥，保证土壤不积水、不缺水。

B.2.5 侵染性病害的防治

B.2.5.1 常见病害

叶枯病等。

B.2.5.2 识别方法

叶片上有无病斑、黑霉点等。

B.2.5.3 防治方法

萌芽前或病害发生期可选用异菌脲、腈菌唑、嘧菌酯等。

B.3 树体防腐、修补技术

参考附录A.3、A.4。

B.4 树体支撑、加固技术

参考附录A.5。

B.5 枝条修整

B.5.1 修整时期

枝条修整通常在落叶后与新梢萌动前进行，以剪除萌蘖枝为主；及时疏除过密果实；有安全隐患的枯死枝、断枝、劈裂枝应在发现时及时整理。

B.5.2 操作要求

参考附录A.6。

B.6 围栏保护

参考附录A8。

B.7 避雷针安设

参考附录A9。

# 附 录 C

## （规范性附录）

## 枫香古树保护复壮管理技术

C.1 地下环境改良技术

参考附件A.1。

C.2 有害生物防治

C.2.1 刺吸式害虫的防治

C.2.1.1 常见种类

吹绵蚧、碧蛾蜡蝉、武夷山曼盲蝽等。

C.2.1.2 为害特点

刺吸叶片或枝干内的汁液，易诱发煤污病，大量发生时可致树势衰弱。

C.2.1.3 识别方法

叶片正面或反面有无失绿、白点或褐色小斑块；正常生长季叶片有无非正常落叶或萎蔫；叶片上有无白色或黑色的害虫分泌物。

C.2.1.4 防治方法

为害期喷洒绿色无公害药剂防治，如吡虫啉、苦烟碱、阿维菌素等。人工释放红点唇瓢虫等天敌防治介壳虫。

C.2.2 食叶类害虫的防治

C.2.2.1 常见种类

茶蓑蛾、黄刺蛾、桑褐刺蛾、扁刺蛾、丽绿刺蛾、褐边绿刺蛾、缀叶丛螟、樟蚕、绿尾大蚕蛾等。

C.2.2.2 危害特点

取食叶片或缀叶形成虫苞。

C.2.2.3 识别方法

叶片有无缺刻或孔洞，或仅剩叶脉；树枝上有无叶片缀合而成的虫苞；树下有无虫粪等。

C.2.2.4 防治方法

低龄幼虫期喷洒绿色无公害药剂，如灭幼脲、苏云金杆菌、阿维菌素等，或人工摘除带虫或虫苞的枝叶；成虫期使用黑光灯或信息素诱杀；人工释放周氏啮小蜂等天敌进行防治。

C.2.3 蛀干类害虫的防治

C.2.3.1 常见种类

刺角天牛、小蠹、台湾乳白蚁、黄胸散白蚁、黑翅土白蚁、黄翅土白蚁等。

C.2.3.2 为害特点

啃食树皮，钻蛀树干，破坏植物疏导组织，严重时可致整株死亡。

C.2.3.3 识别方法

树干上有无白蚁分飞孔或蚁路；树干上有明显的排粪孔和羽化孔；树干基部是否有堆积的虫粪。

C.2.3.4 防治方法

天牛成虫发生期使用氯氰菊酯微胶囊剂喷雾防治；幼虫孵化期或幼虫尚未蛀入木质部时使用灭蝇胺喷洒树干防治；幼虫蛀入木质部后可使用树体杀虫剂或灭蝇胺打孔注射防治。小蠹发生期，及时选用磷化铝进行树干熏蒸处理。白蚁危害高峰前，使用氰戊菊酯等趋避药剂喷淋植株主干及周围土壤，或在古树周围埋置白蚁诱捕装置，引诱到白蚁后喷施伊维菌素。

C.2.4 侵染性病害的防治

C.2.4.1 常见病害

煤污病、叶斑病、白粉病等。

C.2.4.2 识别方法

叶面及嫩梢上有无病斑、黑霉层、白粉层等。

C.2.4.3 防治方法

霉污病的发生与分泌蜜露的昆虫关系密切，喷药防治介壳虫等刺吸式害虫是减少发病的主要措施。叶斑病发病期内可选用扑海因、腈菌唑等杀菌剂。白粉病发病期可选用粉锈宁、烯唑醇等杀菌剂。

C.3 树体防腐、修补技术

参考附录A.3、A.4。

C.4 树体支撑、加固技术

参考附录A.5。

C.5 枝条修整

C.5.1 修整时期

枝条修整通常在落叶后与新梢萌动前进行；有安全隐患的枯死枝、断枝、劈裂枝应在发现时及时整理。

C.5.2 操作要求

参考附录A.6。

C.6 围栏保护

参考附录A8。

C.7 避雷针安设

参考附录A9。

# 参考文献

[1] 陈曦.保护古树名木,合理规划利用——厦门市湖里区古树名木调查[J].福建热作科技,2011,36(2):60-63.

[2] 蔡施泽,乐笑玮,谢长坤,等.3种上海市常见古树粗根系分布特征及保护对策[J].上海交通大学学报(农业科学版),2017,35(4):7-14.

[3] 蔡爱萍.龙眼古树EC离体保存及其WRKY基因家族的克隆与表达[D].福州:福建农林大学,2013.

[4] 杜常健,孙佳成,陈炜,等.侧柏古树实生树和嫁接树的扦插生理和解剖特性比较[J].林业科学,2019,55(9):41-49.

[5] 邓洪涛,薛冬冬,杨艳婷.快速城市化地区古树保护现状与对策[J].林业调查规划,2018,43(3):183-187.

[6] 郭善基.岱庙银杏树叶片黄枯现象的原因分析[C].第一届泰山国际学术研讨会论文.

[7] 郭晓成,张迎军,杨莉.陕西临潼石榴古树资源调查分析[J].果树学报,2017,34(增刊):152-155.

[8] 黄应锋,孙冰,廖绍波,等.深圳市古树资源特征与分布格局[J].植物资源与环境学报,2015,24(2):104-111.

[9] 杭州市园林文物局.西湖风景园林(1949—1989)[M].上海:上海科学技术出版社,1990.

[10] 计燕,陈玉哲,闫志军.郑州市大树、古树综合复壮技术初探[J].河南林业科技,2001,21(4):17-18,21.

[11] 李保祥,聂晨曦,桑昼栓.城市古树衰弱的原因与复壮措施[J].植物医生,2011,24(1):22-23.

[12] 李卡玲,吴刘萍.湛江市古树名木资源的信息特征及保护利用[J].广东园林,2011,23(2):30-33.

[13] 李悦华,余伟,孙品雷,等.杭州城市古树名木的现状和保护措施[J].华东森林经理,2006,20(3):52-54.

[14] 李迎.古香樟营养诊断与复壮技术研究[D].福州:福建农林大学,2008.

[15] 李记,徐爱俊.古树名木旅游最优路线设计与实现[J].浙江农林大学学报,2018,35(1):153-160.

[16] 林忠荣.洞头县古树资源概况及保护复壮意见[J].浙江林业科技,2001,21(1):67-68,79.

[17] 刘东明,王发国,陈红锋,等.香港古树名木的调查及保护问题[J].生态环境,2008,17(4):1560-1565.

[18] 刘际建,章明靖,柯和佳,等.滨海—玉苍山古树名木资源及其开发利用与保护[J].防护林科技,2002,3:50,76.

[19] 刘青海,许正强,姚拓,等.公园古树害虫调查及防治建议——以兰州市五泉山公园为例[J].草业科学,2011,28(4):661-666.

[20] 刘晓燕.广州古树名木白蚁的发生与防治[J].昆虫天敌,1997,19(4):169-172.

[21] 刘秀琴.兰州市古树名木调查及保护研究[D].兰州:兰州大学,2009.

[22] 刘大伟,王宇健,谢春平.安徽省一级古树的资源特征及影响因子分析[J].植物资源与环境学报,2020,29(1):59-68.

[23] 刘国彬,曹均,王金宝,等.明清板栗古树遗传多样性的SSR分析[J].林业科学研究,2016,29(6):940-945.

[24] 刘益曦,胡春,朱圣潮,等.基于GIS的温州古树资源空间分布特征分析[J].中国园林,2019,35(5):107-111.

[25] 刘晓静,邢世岩,吴岐奎,等.江西省银杏古树资源及生长特性分析[J].西南林业大学学报,2015,35(1):58-62.

[26] 柳庆生.安徽省池州市贵池区古树名木健康现状调查、分类与复壮技术对策[J].安徽农业科学,2010,38(22):12065-12067.

[27] 陆安忠.上海地区古树名木和古树后续资源现状及保护技术研究[D].杭州:浙江大学,2008.

[28] 吕浩荣,刘颂颂,叶永昌,等.东莞市古树名木数量特征及分布格局[J].华南农业大学学报,2008,4:65-69.

[29] 吕义坡.泌阳县古树名木保存现状调查与保护方法探讨[D].郑州:河南农业大学,2010.

[30] 马景愉,刘海光.避暑山庄古松衰弱死亡原因及保护措施[J].承德民族职业技术学院学报,2002,3:63-64.

[31] 莫栋材,梁丽华.广州古树名木养护复壮技术研究[J].广东园林,1995,4:19-25.

[32] 蓝悦,于炜,杜红玉,等.杭州西湖风景名胜区古树景观美学评价[J].浙江农业学报,2015,27(7):1192-1197.

[33] 黎炜彬,严朝东,张浩,等.不同长势古树土壤真菌群落组成和多样性[J].西南林业大学学报,2021,41(1):70-77.

[34] 欧应田,钟孟坚,黎华寿.运用生态学原理指导城市古树名木保护——以东莞千年古秋枫保护为例[J].中国园林,2008,1:71-74.

223

[35] 任茂文. 重庆市万州区古树名木特征及保护管理现状[J]. 现代农业科技, 2012, 19: 160, 170.

[36] 曲凯, 李际红, 国浩平, 等. 山东省流苏古树资源及其保护对策[J]. 山东农业大学学报(自然科学版), 2020, 51(5): 818-824.

[37] 任娟霞, 邢世岩, 刘晓静. 甘肃省徽县和康县银杏古树的调查分析[J]. 山东农业大学学报(自然科学版), 2013, 44(4): 533-538.

[38] 沈剑, 吴达胜. 触发器技术在古树名木信息动态监管中的应用[J]. 安徽农业科学, 2012, 40(23): 11902-11903, 11907.

[39] 石炜. 镇江市动态保护古银杏树的做法和体会[J]. 江苏林业科技, 2000, 27(增刊): 101-103.

[40] 邵家龙. 胶州市古树调查与保护技术研究[D]. 青岛: 青岛农业大学, 2018.

[41] 田广红, 黄东, 梁杰明, 等. 珠海市古树名木资源及其保护策略研究[J]. 中山大学学报(自然科学版), 2003, 42, 增刊(2): 203-209.

[42] 汤珧华, 潘建萍, 邹福生, 等. 上海松柏古树生长与土壤肥力因子的关系[J]. 植物营养与肥料学报, 2017, 23(5): 1402-1408.

[43] 王明生, 杨胜利. 浙江省仙居县古树名木资源调查与保护[J]. 林业勘察设计, 2008, 2: 230-232.

[44] 王徐政. 南京市古树名木资源调查和复壮技术研究[D]. 南京: 南京林业大学, 2007.

[45] 魏胜林, 茅晓伟, 肖湘东, 等. 沧浪亭古树树体现状和症状及保护技术措施研究[J]. 安徽农业科学, 2011, 39(19): 11603-11605, 11617.

[46] 王巧, 聂鑫, 孙德浩. 基于AHP-模糊综合评价法的泰山油松古树树势评价[J]. 浙江农林大学学报, 2016, 33(1): 137-146.

[47] 魏胜林, 茅晓伟, 肖湘东. 拙政园古树名木监测预警标准与保护措施研究[J]. 安徽农业科学, 2010, 38(16): 8569-8572.

[48] 武小军, 刘行波, 范娟娟. 城市古树名木管理信息系统的设计与实现[J]. 城市勘测, 2010, 增刊1: 46-48.

[49] 文璐, 刘晶岚, 习妍等. 北京地区重要古树土壤物理性状分析[J]. 水土保持研究, 2011, 18(5): 175-178.

[50] 熊和平, 于志熙, 鲁涤非. 延缓几种南方古树衰老的研究[J]. 武汉城市建设学院学报, 1999, 16(3): 9-13.

[51] 徐德嘉. 古树名木衰败原因调查分析(古树名木复壮研究系列报告之二)[J]. 苏州城建环保学院学报, 1995, 8(4): 1-5.

[52] 徐德嘉, 徐向阳, 程爱兴. 树体管理对古树复壮效果的研究(古树名木复壮技术研究系列报告之四)[J]. 苏州城建环保学院学报, 1997, 10(1): 21-24.

[53] 许丽萍, 邓莉兰. 大理市古树名木资源及特点分析[J]. 林业调查规划, 2010, 35(1): 108-110.

[54] 许华, 赵敏亚, 李思萍, 等. 古村落古树的调查与景观价值评估——以珠海市会同村为例[J]. 湖北农业科学, 2016, 55(6): 1478-1483, 1486.

[55] 谢丽宏, 黄钰辉, 温小莹. 广东省新丰江水库古树资源特征与分布格局[J]. 林业与环境科学, 2017, 33(4): 34-38.

[56] 鄢然. 长沙市古树名木资源分析与研究保护[D]. 长沙: 中南林业科技大学, 2007.

[57] 杨淑贞, 赵明水, 程爱兴. 天目山自然保护区古树资源调查初报[J]. 浙江林业科技, 2001, 21(1): 57-59, 77.

[58] 杨明霞. 山楂古树群落数量生态及转录组分析[D]. 太原: 山西大学, 2017.

[59] 叶永昌, 刘颂颂, 黄炜棠, 等. 古树名木信息查询网站构建——以东莞市建成区为例[J]. 广东林业科技, 2008, 24(1): 67-70.

[60] 袁敏, 王惠玉. 崂山区乡村古树名木保护现状与档案管理[J]. 山东农业大学学报(自然科学版), 2018, 49(1): 53-56.

[61] 尹惠妍, 张志伟, 侯磊. 西藏昌都市居民点散生古树分布特征及主要保护策略分析[J]. 中南林业科技大学学报, 2020, 40(8): 147-154.

[62] 殷丽琼, 刘德和, 王平盛, 等. 不同栽培管理措施对云南古茶树树势恢复的研究[J]. 西南农业学报, 2010, 23(2): 359-362.

[63] 张国华. 古树衰老状况及生理生化特性研究[D]. 北京: 首都师范大学, 2009.

[64] 张庆峰. 古树名木保护中存在的问题与对策[J]. 河北农业科学, 2010, 14(5): 26-28.

[65] 张延兴, 林严华, 叶淑英, 等. 莱芜市古树名木评价及分级保护研究[J]. 山东农业科学, 2008, 4: 76-79.

[66] 张容, 刘晶岚, 张振明, 等. 不同区域古树土壤化学特性分析[J]. 中国农学通报, 2012, 28(31): 57-60.

[67] 张艳洁, 丛日晨, 赵琦, 等. 适用于表征古树衰老的生理指标[J]. 林业科学, 2010, 46(3): 134-138.

[68] 周海华, 王双龙. 我国古树名木资源法律保护探析[J]. 生态经济, 2007(3): 153-155.

[69] 周威, 刘建军, 王京. 黄河中游地区古树健康诊断标准及其应用[J]. 西南林业大学学报, 2016, 36(6): 58-63.

[70] 詹运洲, 周凌. 生态文明背景下城市古树名木保护规划方法及实施机制的思考——以上海的实践为例[J]. 城市规划学刊, 2016, 1: 106-115.

[71] 赵景奎, 赵大胜, 生利霞. 扬州城区古树及后备古树资源调查与评价[J]. 南方林业科学, 2017, 45(2): 65-69.

[72] 赵亚洲, 韩红岩, 戴全胜. 北京颐和园古树替代树与后备树选择与培养[J]. 中国园林, 2015, 11: 78-81.

[73] 中国科学院中国植物志编辑委员会. 中国植物志[M]. 北京: 科学出版社, 1993.

[74] 朱志鹏, 傅伟聪, 陈梓茹, 等. 闽东城乡古树危险度评估及保护措施——以闽侯县为例[J]. 四川农业大学学报, 2015, 33(4): 364-370.